Christian Schmidt

Verkapselungstechnologie mit justiertem adhäsiven Waferbonden für OLED-auf-CMOS-Anwendungen

TUD*press*

Christian Schmidt

Verkapselungstechnologie mit justiertem adhäsiven Waferbonden für OLED-auf-CMOS-Anwendungen

TUD*press*

2012

Die vorliegende Arbeit wurde am 30. Oktober 2011 an der Fakultät Elektrotechnik und Informationstechnik der Technischen Universität Dresden als Dissertation eingereicht und am 19. Juni 2012 erfolgreich verteidigt.

Gutachter:
1. Gutachter: Prof. Dr.-Ing. Hubert Lakner
2. Gutachter: Prof. Dr.-Ing. Karlheinz Bock

Vorsitzender:
Prof. Dr.-Ing. habil. Gerald Gerlach

Bibliografische Information der Deutschen Nationalbibliothek
Die Deutsche Nationalbibliothek verzeichnet diese Publikation in der Deutschen Nationalbibliografie; detaillierte bibliografische Daten sind im Internet über http://dnb.d-nb.de abrufbar.

Bibliographic information published by the Deutsche Nationalbibliothek
The Deutsche Nationalbibliothek lists this publication in the Deutsche Nationalbibliografie; detailed bibliographic data are available in the Internet at
http://dnb.d-nb.de.

ISBN 978-3-942710-84-8

Verlag der Wissenschaften GmbH
Bergstr. 70 | D-01069 Dresden
Tel.: 0351/47 96 97 20 | Fax: 0351/47 96 08 19
http://www.tudpress.de

Gesetzt vom Autor.
Printed in Germany.

Für meine Familie,

meine Eltern

und meine Großeltern.

Kurzfassung

Die Kombination der organischen Leuchtdiode (OLED) mit der Halbleiter-Technologie (CMOS) bringt vielfältige Herausforderungen an ein geeignetes Verkapselungsverfahren mit sich, welches z. B. den Schutz der OLED und Funktionenintegration gewährleisten muss. Gegenstand dieser Dissertation ist die Entwicklung dieser Verkapselungstechnologie für OLED-auf-CMOS-Bauelemente. Die zahlreichen Randbedingungen und Herausforderungen werden umfassend betrachtet. Diese Arbeit erörtert verschiedene OLED-Verkapselungskonzepte und erstellt die Kriterien für eine zweckmäßige Verkapselung. Geeignete Klebstoffe für die Verkapselung von OLEDs wurden auf ihre Nutzbarkeit zur direkten Anwendung auf der emittierenden OLED-Fläche untersucht. Die zugrunde liegende Frage danach, ob eine direkte OLED-Verkapselung mit diesen Klebstoffen möglich ist, konnte anhand der Untersuchungen beantwortet werden. Die hier für die OLED-Verkapselung nutzbaren Klebstoffe sind mit ultraviolettem Licht abzubinden. Daraus erwächst die grundlegende Frage, inwieweit die Einwirkung ultravioletter Strahlung das Verhalten der OLED beeinflusst. Die dazu durchgeführten Experimente zeigen einen, wenn auch geringen, negativen Einfluss auf das OLED-Verhalten. Auf der Suche nach einer geeigneten Maschine für die großflächige (Waferlevel) Umsetzung der direkten Verkapselung konnten mehrere Hersteller identifiziert und deren Produkte detailliert gegenübergestellt werden. Nach der Auswahl und Beschaffung der geeignetsten Anlage wurde diese evaluiert und ein konkretes Verkapselungskonzept mit einer Prozessabfolge entwickelt. Für die Umsetzung der Einzelprozessschritte sind neue Bearbeitungsparameter und -umstände erschlossen worden. Die Belastung der OLED mit Druck, die während der Verkapselung beim adhäsiven Waferbonden auftreten kann, wurde wissenschaftlich erforscht. Es stellt sich für die hier verwendeten *p-i-n* top-emittierende OLEDs kein eindeutig schädigender oder fördernder Einfluss heraus. Der erarbeitete Verkapselungsprozessablauf konnte in mehreren Projekten erfolgreich zur Herstellung von Demonstratoren verwendet werden. Diese Technologie bildet somit die Voraussetzungen für die Massenfertigung von OLED-auf-CMOS-Bauelementen mit hoher Integrationsdichte.

Schlagwörter: Organische Leuchtdiode (OLED), Halbleiter-Technologie (CMOS), Verkapselungstechnologie, adhäsives Waferbonden, ultraviolette Strahlung, Druckbelastung, Direktverkapselung, OLED-Mikrodisplay

Abstract

The combination of organic light-emitting diode (OLED) with semiconductor technology (CMOS) comes with diverse challenges on a suitable encapsulation procedure, which have to ensure OLED protection and functional integration. This doctoral dissertation deals with the development of this encapsulation technology for OLED on CMOS devices. The numerous constraints and challenges are studied comprehensively. This thesis discusses different concepts for OLED encapsulation and collects criteria for an appropriate encapsulation. Suitable adhesives for encapsulating OLED are investigated concerning their usability for direct contact to the active light-emitting OLED area. The basic question, whether these adhesives can be used for direct OLED encapsulation or not, is successfully shown with the help of experiments. The curing of adhesives suitable for OLED encapsulation is done by ultraviolet radiation. The resulting question arise: to which extent does ultraviolet radiation change OLED behaviour? Dedicated experiments show a slight negative influence on OLED behaviour. Searching for an appropriate machine for large area (wafer level) application of direct encapsulation identified several equipment manufacturers, which were compared in detail. After selection and purchasing of the most appropriate machine it was evaluated and a specific encapsulation concept with a process sequence was developed. For the implementation of single process steps new process parameters and conditions were revealed. During encapsulation at adhesive wafer bonding step the OLED might be influenced by pressure. This aspect was scientifically researched for *p-i-n* top-emitting OLEDs. No decisive damaging or advancing influence was found. The developed encapsulation process flow was successfully realised in several projects for manufacturing demonstrators. Thus, this technology forms the preconditions for mass production of OLED on CMOS devices with a high integration density.

Keywords: organic light-emitting diode (OLED), semiconductor technology (CMOS), encapsulation technology, adhesive wafer bonding, ultraviolet radiation, pressure behaviour, direct encapsulation, OLED microdisplay

Inhaltsverzeichnis

Formelzeichen

α	Wärmeausdehnungskoeffizient	K^{-1}
α	Kontaktwinkel (Benetzung)	$^\circ$
α	Anstellwinkel der Probe-Card-Nadel	$^\circ$
β	Fitparameter	
γ	Ladungsträgerbalance	
$\dot{\gamma}$	Schergeschwindigkeit	s^{-1}
γ_{sl}	Grenzflächenspannung Festkörper-Flüssigkeit (solid-liquid)	$\frac{J}{m^2}$
δ	Löslichkeitsparameter (Hildebrand)	$\sqrt{J/cm^3}$
Δa_x	Schrittmaßunterschied in x-Richtung	m
Δx_r	Versatz x-Richtung rechter Chip	m
ϵ_0	Permittivität des Vakuums	$8{,}854 \cdot 10^{-12} \frac{As}{Vm}$
ϵ_r	relative Permittivität	$\frac{F}{m}$
η	(dynamische) Viskosität	$Pa \cdot s$
η_A	Auskopplungseffizienz	
$\eta_{Q,\,int}$	interne Quanteneffizienz	
$\eta_{Q,\,ext}$	externe Quanteneffizienz	
η_r	Effizienz des strahlenden Zerfalls	
η_v	Lichtausbeute oder Leistungseffizienz	$\frac{lm}{W}$
$\eta_{v,\,S}$	Stromeffizienz	$\frac{cd}{A}$
λ	Wellenlänge	m
μ	Beweglichkeit der Ladungsträger	$\frac{m^2}{Vs}$
ν	kinematische Viskosität	$\frac{m^2}{s}$
ρ	Massendichte	$\frac{kg}{m}^3$
σ_{lg}	Oberflächenspannung Flüssigkeit (liquid-gas)	$\frac{J}{m^2}$
σ	Standardabweichung	

σ_{sg}	Oberflächenspannung Festkörper (solid-gas)	$\frac{\mathrm{J}}{\mathrm{m}^2}$
τ	Fitparameter	
τ	Schubspannung	Pa
φ	relative Luftfeuchtigkeit	
χ	Exzitonen-Spin-Faktor	

a_{min}	minimaler Abstand	m
$a_{\mathrm{c,\,x}}$	CMOS-Schrittmaß in x-Richtung	m
A	Fläche	m^2
A	Absorbanz	
c	Konzentration im Gemisch	%
d	Elektrodenabstand	m
d	Klebstoffschichtdicke	m
$\bar{d}_{\mathrm{Ist}}$	gemessene mittlere Klebstoffschichtdicke	m
d_{Glas}	Glas-Wafer-Dicke	m
D	Strahlungsdosis	$\frac{\mathrm{J}}{\mathrm{m}^2}$
e	Elementarladung	$1{,}602 \cdot 10^{-19}\,\mathrm{C}$
e	Eulersche Zahl	2,718
F	Kraft	N
H	Homogenität	
I	Strahlungsintensität	$\frac{\mathrm{W}}{\mathrm{m}^2}$
I_0	Intensität einfallende Strahlung	$\frac{\mathrm{W}}{\mathrm{m}^2}$
I_{t}	Intensität transmittierte Strahlung	$\frac{\mathrm{W}}{\mathrm{m}^2}$
J	Stromdichte	$\frac{\mathrm{A}}{\mathrm{m}^2}$
J_{S}	Sättigungssperrstromdichte	$\frac{\mathrm{A}}{\mathrm{m}^2}$
J_{Shockley}	Stromdichte nach Shockley	$\frac{\mathrm{A}}{\mathrm{m}^2}$
J_{SCLC}	Stromdichte raumladungsbegrenzt	$\frac{\mathrm{A}}{\mathrm{m}^2}$
J_{OLED}	Stromdichte der OLED	$\frac{\mathrm{A}}{\mathrm{m}^2}$
k	Boltzmann-Konstante	$1{,}380 \cdot 10^{-23}\,\frac{\mathrm{J}}{\mathrm{K}}$
k	Einzelschrittlänge Sprüharm	Schrittanzahl
k	Extinktionskoeffizient	

$l_{\mathrm{Nadel,\ notw}}$	notwendige Probe-Card-Nadellänge	m
$l_{\mathrm{Nadel,\ max}}$	maximale Probe-Card-Nadellänge	m
L	spektrale Strahldichte	$\frac{\mathrm{W}}{\mathrm{m^2\,sr\,nm)}}$
L_{v}	Leuchtdichte	$\frac{\mathrm{cd}}{\mathrm{m^2}}$
$L_{\mathrm{v,\ 0}}$	Anfangsleuchtdichte	$\frac{\mathrm{cd}}{\mathrm{m^2}}$
m	Masse	kg
n	Brechungsindex	
n_{x}	Anzahl Retikelschritte in x-Richtung	
N	Anzahl (z. B. der Messungen)	
OD	optische Dichte	
R	Widerstand	Ω
R	Reflexion	
R_{a}	mittlere Rauheit	nm
R_{max}	mittlere Rautiefe	nm
R_{q}, RMS	quadratische Rauheit, root-mean-squared roughness	nm
R_{Shunt}	Shuntwiderstände	Ω
t	Zeit, -dauer	h
T	Temperatur	°C
T	Transmission	
T_{50}	Lebensdauer bis 50 % Anfangsleuchtdichte	h
T_{g}	Glasübergangstemperatur	°C
TE	Transfereffizienz des Klebstoffes	%
U	elektrische Spannung	V
U_{F}	Flussspannung der Halbleiterdiode	V
v_n, v	Sprüharmgeschwindigkeit eines Abschnittes n	Schritte/s
V_{dis}	Volumen, dispenst	µl/s
W_{A}	Adhäsionsarbeit	J

Abkürzungen

ALD .... **A**tomic **l**ayer **d**eposition
Alq_3 .... Tris-(8-hydroxyquinolin)aluminium
AM .... **A**ir **m**ass
AMOLED .... **A**ktiv**m**atrix OLED
BCB .... **B**enzo**c**yclo**b**uten
BCP 2,9-Dimethyl-4,7-Diphenyl-1,10-Phenanthrolin
BE .... **B**au**e**lement
BE-OLED .... **B**ottom-**E**mitting OLED
CCD .... **C**harge **c**oupled **d**evice
CCM .... **C**olor **c**hanging **m**aterial
CFS .... **C**olor **f**ield **s**equential
CIE .... **C**ommission **I**nternationale de l'**É**clairage
CMOS .... **C**omplementary **m**etal-**o**xide-**s**emiconductor
CSF .... **C**olor **s**equential **f**ield
CTE .... **C**oefficient of **t**hermal **e**xpansion
CVD .... **C**hemical **v**apor **d**eposition
DI-Wasser .... deionisiertes Wasser
DRC .... **D**esign **r**ule **c**heck
EBL .... **E**lectron **b**locking **l**ayer
EL .... **E**mission **l**ayer
ETL .... **E**lectron **t**ransport **l**ayer
FD .... **F**oto**d**iode
HBL .... **H**ole **b**locking **l**ayer
HL .... **H**alb**l**eiter
HMD .... **H**ead **m**ounted **d**isplay
HOMO .... **H**ighest **o**ccupied **m**olecular **o**rbital

HTL	**H**ole **t**ransport **l**ayer
ICP-OES	**I**nductively **c**oupled **p**lasma – **o**ptical **e**mission **s**pectrometry
IPMS	Fraunhofer-**I**nstitut für **P**hotonische **M**ikro**s**ysteme
ITO	**I**ndium **t**in **o**xide
LCoS	**L**iquid **c**rystal **o**n **s**ilicon
LUMO	**L**owest **u**noccupied **m**olecular **o**rbital
MEMS	**M**ikro-**e**lektro-**m**echanisches **S**ystem
MeO-TPD	N,N,N',N'-tetrakis(4-methoxyphenyl)-benzidine
MOEMS	**M**ikro-**o**pto-**e**lektro-**m**echanisches **S**ystem
MPU	**M**icro **p**rojection **u**nit
NPB	N,N8-Bis(naphthalene-1-yl)-N,N8-bis(phenyl)benzidine
OLED	**O**rganic **l**ight-**e**mitting **d**iode
OTR	**O**xygen **t**ransmission **r**ate
P-OLED	**P**olymer OLED
PCB	**P**rinted **c**ircuit **b**oard
PECVD	**P**lasma **e**nhanced **c**hemical **v**apor **d**eposition
PH-OLED	**Ph**osphorescent OLED
PID-Regler	**P**roportional-**I**ntegral-**D**ifferenzial Regler
PLD	**P**ulsed **l**aser **d**eposition
PMOLED	**P**assiv**m**atrix OLED
PPV	**P**oly(*p*-**P**henylen-**V**inylen)
PSG	**P**hosphor **S**ilikat**g**las
QCM	**Q**uartz **c**rystal **m**icrobalance
RGB	**R**ot **G**rün **B**lau
RMS	**R**oot-**m**ean-**s**quared
RT	**R**aum**t**emperatur
SCCM	**S**tandard **c**ubic **c**entimeter per **m**inute
SCLC	**S**pace **c**harge **l**imited **c**urrent
SM-OLED	**S**mall **m**olecule OLED
T-OLED	**T**op-Emitting OLED
TE-OLED	**T**op-**E**mitting OLED
TSV	**T**hrough **s**ilicon **v**ias
USG	**u**ndotiertes **S**ilikat**g**las
WVTR	**W**ater **v**apor **t**ransmission **r**ate

1 Einleitung

Die organische Leuchtdiode (OLED) ist seit ihrer Entwicklung in den 1980er Jahren aus ihrem Forschungsstadium herausgewachsen und ist in etlichen Produktbereichen auf dem kommerziellen Markt zu finden (siehe Abbildung 1.1). Anfänglich als Passivmatrixanzeigen (PMOLED) in Autoradios, mobilen Audiowiedergabegeräten, Digitalkameras und Mobiltelefonen verbaut, sind heute Aktivmatrixanzeigen (AMOLED), z. B. in Smartphones, im Einsatz. Im Bereich der Beleuchtung soll die OLED zukünftig die Glühlampe ersetzen, womit hohe Leistungseffizienzen ($> 100\,\mathrm{lm/W}$), lange Lebensdauern ($> 100.000\,\mathrm{h}$) und geringere Preise als die derzeitige Energiesparlampe angestrebt werden. Für den Einsatz bei aktuellen Anzeigegeräten wie PC- oder Notebook-Monitore in LCD-Technologie oder Fernseher mit Plasma- oder LED-Funktionsprinzip stehen OLED-Lösungen in den Startlöchern.

Im Bereich der Mini- und Mikrodisplays mit Abmessungen im Zentimeter- oder Millimeterbereich liegen die Anwendungsfelder bei digitalen Suchern für Videokameras, Near-to-Eye Anzeigen für Brillen oder auch intraokulare Sehhilfen [Püt06]. Anders als die oben genannten Anzeigen mit „großen“ Außenabmaßen, erfordern diese kleinen Displays minimale Flächen. Es gibt unterschiedliche Ansätze, derartige Mikrodisplays herzustellen. Die wichtigsten Technologien sind Elektrolumineszenz-Displays (ELDs), Flüssigkristallanzeigen (LCDs) und Mikrospiegel-Bauelemente (DMDs). Die Nutzung organischer Leuchtdioden für Mikrodisplays kann durch geringe Schichtdicken, kurze Schaltzeiten, hohe Helligkeiten bei geringem Energiebedarf und gesättigten Farben die Nutzbarkeit der Anzeigen verbessern bzw. erweitern.

Die vorliegende Arbeit beschäftigt sich mit einem Teil der Herstellung solcher Mikrodisplays auf Basis von OLEDs. Den notwendigen Schutz der sensiblen OLED kann eine geeignete Verkapselung erbringen. Den Ablauf für die Verkapselung und die Charakterisierung der notwendigen Einzelprozesse beleuchtet diese Arbeit.

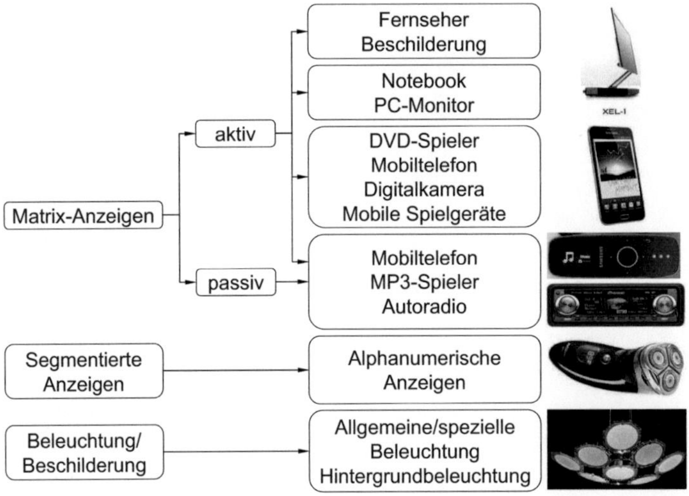

Abbildung 1.1 Einteilung kommerzieller OLED-Produkte nach [Sul10].

2 Stand der Technik

Im folgenden Kapitel soll der aktuelle Stand der Technik zum einen hinsichtlich der OLED-Technologie und des Status von Mikrodisplays betrachtet werden. Zum anderen beleuchtet dieses Kapitel Verfahren zur Verkapselung, speziell das Fügen von Wafern durch adhäsives Waferbonden wird vorgestellt.

2.1 Organische Leuchtdioden

2.1.1 Materialien

Viele organische Materialien[1] zeigen eine hohe Floureszenzquanteneffizienz im sichtbaren Spektrum. Schon 1953 entdeckten Bernanose et al. die Lichtemission aus organischen Molekülkristallen, wobei Acridine und Quinacrine mit Wechselstrom elektrisch stimuliert wurden [BCV53]. Jedoch gelang erst 1987 der Durchbruch für den Start der bis heute anhaltenden Weiterentwicklung der organischen Leuchtdioden (OLED – organic light-emitting diode/device). Tang und Van Slyke von der Firma Kodak zeigten Lichtemission aus einer organischen Doppelschichtstruktur [TVS87]. Zwischen einer transparenten Elektrode aus Indium-Zinn-Oxid (ITO) und einer opaquen aus Magnesium und Silber sind im Vakuum 75 nm eines aromatischen Diamins und 60 nm Tris-(8-hydroxyquinolin)aluminium (Alq_3) (siehe Abbildung 2.1(a)) abgeschieden worden, was zu einem grün emittierenden Elekrolumineszenz-Bauelement mit einer Leuchtdichteeffizienz von 1,5 lm/W und einer Helligkeit von mehr als 1000 cd/m^2 bei einer Versorgungsspannung kleiner als 10 V führte (Wellenlänge höchster Emission: 550 nm). Etwas später, im Jahre 1990, konnte Burroughes an der Universität in Cambridge eine Leuchtdiode aus konjugierten

[1] Organische Verbindungen sind Verbindungen des Kohlenstoffs. Ausnahmen: wasserstofffreie Chalkogenide (z. B. CO, CO_2, CS_2) und deren Abkömmlinge (z. B. Kohlensäure), salzartige und metallische Carbide, Metallcarbonyle [Bro91]

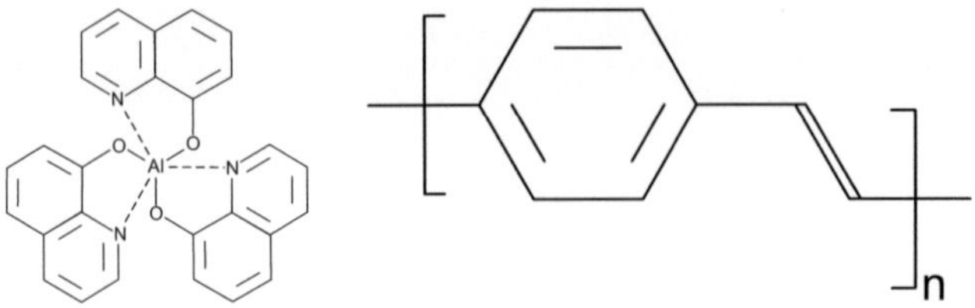

(a) Tris-(8-hydroxyquinolin)aluminium (Alq_3).

(b) Poly(*p*-Phenylen-Vinylen) (PPV).

Abbildung 2.1 Typische organisch-halbleitende Materialien.

Polymeren zwischen ITO und einer Aluminiumelektrode herstellen [BBB+90]. Das verwendete organische Material Poly(*p*-Phenylen-Vinylen) (PPV) (siehe Abbildung 2.1(b)) wurde aus der Lösung aufgetragen. Die intensive Weiterentwicklung dieser beiden Ansätze, die Verwendung verdampfbarer kleiner Moleküle (SM-OLED – small molecule OLED) und löslicher Makromoleküle (P-OLED – polymer OLED), hält bis heute an [FGH+99, SS11, RLL11], was auf wesentliche Unterschiede zurückzuführen ist (siehe Tabelle 2.1). Eine umfassende Darstellung zu Materialien für P-OLEDs und SM-OLEDs geben z. B. [LM07, WMPL07].

Die kostenintensivere Herstellung mit thermischer Verdampfung im Vakuum erlaubt die Erzeugung homogener, geordneter Schichten. Es sind auch hochkomplexe Mehrfachschichtsysteme möglich. Eine weitere Auftragsmethode für die Oligomere der SM-OLEDs ist das gepulste Laserstrahlverdampfen (PLD – pulsed laser deposition) [YTYQ00, HCL+02]. Diese große Flexibilität vor allem für das Schichtdesign begründet die hohe Effizienz der SM-OLEDs, da z. B. Transport- und Blockerschichten für Ladungsträger möglich sind. Im Gegensatz dazu ist die Auftragsmethode aus der Lösung bei P-OLEDs kostengünstiger und für große Flächen und flexible Substrate geeignet. Da sich die Schichten aber beim Auftrag vermischen können, sind Schichtstapel schwierig herzustellen und beschränken sich daher meist auf 2 bis 3 Schichten. Zu beachten ist, dass die erste aufgebrachte Schicht nicht durch das Lösungsmittel der zweiten Schicht an- oder aufgelöst werden darf.

2.1.2 Herstellung und Aufbau von SM-OLEDs

Es sei nun auf die Herstellung von SM-OLEDs eingegangen, die in dieser Arbeit verwendet wird. Das Prinzip beruht auf dem thermischen Verdampfen des or-

Tabelle 2.1 Vergleich von Eigenschaften verdampfbarer und löslicher Materialsysteme für organische Leuchtdioden mit Bewertung („+“ besser, „○“ neutral, „−“ schlechter).

	verdampfbare Systeme (SM-OLED)	Vergleich		lösliche Systeme (P-OLED)
○	Oligomere[a] (geringe Molekülmasse)	Materialien	○	Polymere[b] (große Molekülmasse)
○	thermisches Verdampfen im Vakuum	Herstellung/Auftrag	○	aus der Lösung aufschleudern, Tintenstrahldruck, rakeln
○	mit Schattenmasken, sehr präzise	Strukturierung	○	Ionenstrahlätzen, Druckmuster, große Substrate
+	5 und mehr	Anzahl Schichten	−	2 bis 3
+	höher, kein Wassereintrag in Schichten in Vakuum	Lebensdauer	−	geringer, aber temperaturbeständiger
+	hoch, da sehr reine Materialien und Mehrfachschichten	Effizienz	−	geringer
−	höher	Kosten	+	geringer, durch einfache Herstellung

[a]Oligomer: Molekül aus wenigen strukurell ähnlichen Einheiten
[b]Polymer: Molekülverbindung (Makromolekül) aus mehreren ähnlichen Struktureinheiten

ganischen Materials bei Temperaturen höher als 200 °C und der anschließenden Kondensation auf dem Substrat, welches kühler als 80 °C ist. Voraussetzung für dieses Aufdampfen ist ein Ultrahochvakuum (UHV) ab 10^{-7} mbar, welches notwendig ist, damit sich z. B. keine parasitären Oxid-Pufferschichten bilden [LTAS97], die den Ladungsträgerfluss behindern.

Als Beschichtungsanlagentypen kommen sog. *Clusteranlagen* mit Anordnung von Prozesskammern um zentrale Transportmodule, *Linienanlagen* mit definierter Prozesskammerabfolge und *Rolle-zu-Rolle* Beschichtung für flexible Substrate auch mit definierter Prozessmodulabfolge und kontinuierlichem Substratdurchlauf zum Einsatz. Für die OLED-Herstellung in dieser Arbeit steht eine Clusteranlage zur Verfügung (Abbildung 2.2(a), Abschnitt 9.2.10), welche die organischen Materialien aus Keramiktiegeln verdampft. Die Beschichtungsrate, also der Schichtdickenzuwachs pro Zeitintervall, wird über eine PID-Regelung[2] der Tiegelheizung eingestellt und mit einem Schwingquarz (QCM – quartz crystal microbalance) überwacht. Dieser Quarz wird wie das Substrat mitbeschichtet und ändert aufgrund seiner sich ändernden Schwingmasse seine Frequenz, was somit ein Messen der Schichtdicke

[2]Proportional-Integral-Differential Regler

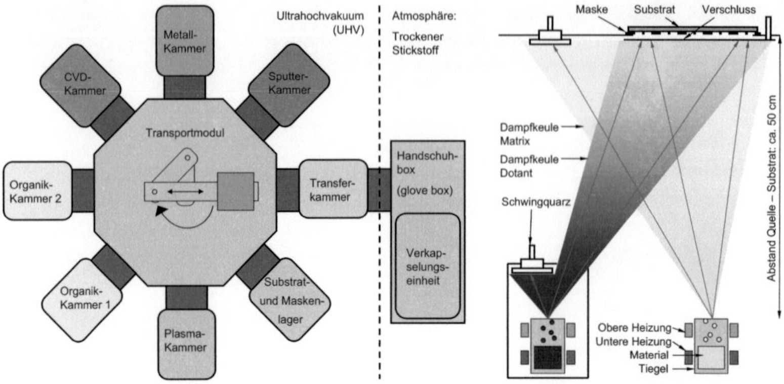

(a) Schematischer Aufbau der Cluster-Beschichtungsanlage (Draufsicht). Kreisförmig angeordnete Prozesskammern um ein zentrales Transportmodul und eine Verkapselungseinrichtung in Schutzgasatmosphäre (trockener Stickstoff).

(b) Organikverdampfung aus Punktquellen. Die parallele Abscheidung von zwei verschiedenen Materialien erlaubt Dotierung.

Abbildung 2.2 Anlagentechnik, mit der die SM-OLEDs dieser Arbeit hergestellt wurden. Das Arbeitsprinzip ist das thermische Verdampfen im Vakuum.

ermöglicht. Die gleichzeitige Verdampfung mehrerer Materialien aus verschiedenen Tiegeln lässt eine gezielte Verunreinigung, das sog. Dotieren (Dotant), des Matrixmaterials (Host) zu. Eine Schattenmaske aus dünnem, gespanntem Metall, welches Strukturen in Form von Öffnungen aufweist, strukturiert den Materialauftrag, indem sich das verdampfte organische Material durch die Öffnungen auf dem Substrat und außerhalb der Öffnungen auf der Schattenmaske abscheidet (siehe Abbildung 2.2(b)).

Es soll nun ein Mehrfachschichtsystem einer SM-OLED betrachtet werden, welches für diese Arbeit relevant ist. Es ist in Abbildung 2.3 dargestellt und besteht aus 5 organischen Halbleiterschichten, die sich zwischen zwei Elektroden befinden. Solch eine Mehrschicht-OLED wird meist als *p-i-n* Struktur bezeichnet, was dem elektrischen Charakter der Transport- (p – elektrisch positiv, n – elektrisch negativ) und Emissionsschichten (i – intrinsisch) geschuldet ist. Dieser Mehrschichtaufbau ist für eine hohe Quanten- und Leistungseffizienz der OLED notwendig, wobei im Vergleich zu einer Einzelschicht-OLED folgende Vorteile erzielt werden [MLL09]:

- effiziente Ladungsträgerinjektion,
- effizienter Ladungstranport,

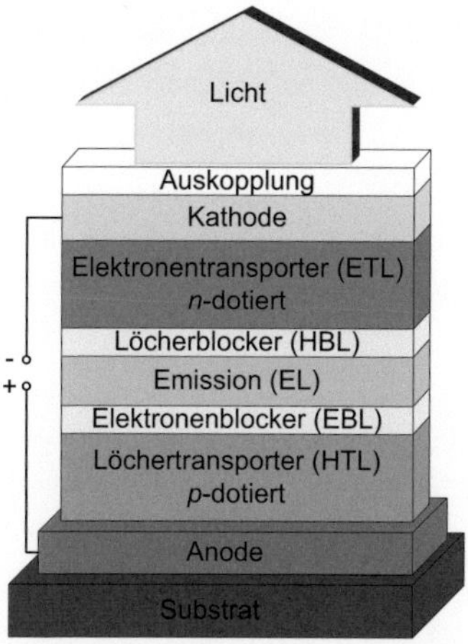

Abbildung 2.3 Stapelaufbau einer mehrschichtigen organischen Leuchtdiode mit Top-Emission und dotierten Ladungsträgertransportschichten.

- Ladungsträgergleichgewicht für hohen Energietransfer zu Exzitonen (angeregte Zustände),
- verlustfreie Relaxation der Exzitonen für hohe interne Quantenausbeute,
- geringe Reabsorption der erzeugten Strahlung,
- angepasste Auskopplung der Strahlung für hohe externe Quantenausbeute,
- hohe Stabilität bei Betrieb des Bauelementes.

Die erste Elektrode auf dem Substrat, in diesem Fall die Anode, ist opaque und die zweite Elektrode bildet einen transparenten Deckkontakt aus Metall, durch den das emittierte Licht ausgekoppelt wird. Diese Anordnung, mit Lichtemission vom Substrat weg, wird als Top-Emission bezeichnet (sog. TE-OLED oder T-OLED). Ist die Opazität der Elektroden umgekehrt und auch das Substrat transparent (z. B. Glas), entstehen Bottom-Emitter (sog. BE-OLED), die auch die Bezeichnung Substratemitter tragen. Zwischen den Elektroden befinden sich die organischen Schichten für den Ladungsträgertransport (HTL – hole transport layer, ETL – electron transport layer), Blockerschichten für jede Ladungsträgerart (HBL – hole blocking layer, EBL – electron blocking layer) und in der Schichtstapelmitte die Emissionsschicht (EL – emission layer) in der die Strahlung generiert wird.

Als Substrat dient haupsächlich Glas, welches für Beleuchtungsanwendungen kostengünstig ist und mit seiner Transparenz bottom-emittierende OLEDs erlaubt.

Die Entwicklung geht allerdings hin zu flexiblen Trägern wie Kunststofffolie oder dünnem Metall, was eine kontinuierliche Verarbeitung mit langen Bändern, aufgewickelt auf Rollen, ermöglicht. Die Kombination von OLED mit siliziumbasierter CMOS-Technologie ermöglicht die Verbindung von Mikroelektronik mit einem hocheffizienten Lichtemitter. Diese Variante erlaubt die Herstellung von Mikrodisplays (siehe Abschnitt 2.1.7) und sensorischen Bauelementen und wird für diese Arbeit genutzt.

2.1.3 Funktion der OLED

Für die Funktion, also Lichtemission, einer OLED muss an deren Elektroden ein elektrischer Potentialunterschied vorhanden sein. Dieser bewirkt das Ablaufen folgender Prozesse in einer OLED [DB97]:

- Injektion von Ladungsträgern
- Transport von Ladungsträgern
- Ladungsträgerrekombination mit Erzeugung eines angeregten Zustandes (Exziton)
- Zerfalls des angeregten Zustandes mit Lichtemission oder strahlungslos

Durch die externe Spannung ergeben sich in den Einzelschichten Energiezustände (siehe Abbildung 2.4), die für die Funktion der OLED entscheidend sind. Die Anode stellt Defektelektronen, sog. Löcher, zur Verfügung, die in die HTL injiziert werden. Auf der Seite der Kathode geschieht das gleiche mit den Elektronen und der ETL.

Beide Ladungstransportschichten müssen eine effiziente Injektion aus den Elektroden gewährleisten, was mit elektrischer Dotierung des organischen Halbleiters erreicht werden kann [BPFL98, PFLT02, BN08, MLL09]. Damit ist es möglich, die Betriebsspannung des Bauelementes deutlich zu verringern. Die Ladungsträger müssen nicht die Energiebarriere zwischen Elektrode und Transportschicht überwinden, sondern können durch Tunneln in das organische Schichtsystem übertreten. Dies ist durch die Energiebandverbiegung von HOMO und LUMO möglich. Wie bei der klassischen Mikroelektronik generiert das Dotieren zusätzliche Ladungsträger, was den Ladungsträgertransport verbessert. Elektronen und Löcher bewegen sich im organischen Halbleiter durch den Hopping-Mechanismus zwischen Nachbarmolekülen [GLRP05]. Die Transportschichten können außerdem zur Verbesserung der Auskopplung beitragen, indem ihre Schichtdicke verändert wird. Die Gesamtdicke

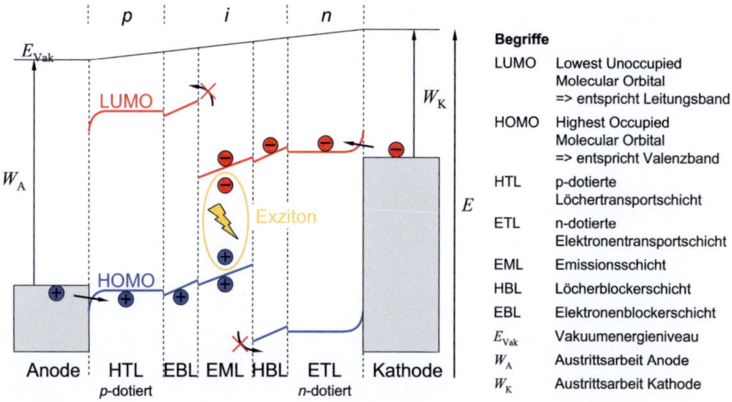

Abbildung 2.4 Energieniveaus in einer OLED mit dotierten Transportschichten und angelegtem Potentialunterschied an den Elektroden nach [MLL09].

der OLED sollte ein Vielfaches der Wellenlänge der zu emittierenden Strahlung sein, um Interferenz- bzw. Mikrokavitätseffekte (siehe Absatz „Mikrokavität“, S. 13) zu nutzen. Mit Veränderung der HTL- bzw. ETL-Schichtdicke kann die Emissionszone in einen Bereich mit konstruktiver Interferenz gelegt und so der Auskopplungsfaktor erhöht werden.

Die Blockerschichten EBL und HBL beschränken die räumliche Position der Ladungsträger auf die Emissionszone. Dies erzielen sie mit entsprechenden LUMO- und HOMO-Niveaus, womit unüberwindbare Energiebarrieren für den entsprechenden Ladungsträgertyp entstehen. Die Blockerschichten weisen eine hohe Mobilität für den weiterzuleitenden Ladungsträger und eine geringe Mobilität für den zu blockenden Ladungsträger auf.

Wenn in der Emissionsschicht Elektronen und Löcher auf einem Farbstoffmolekül zusammentreffen, bilden sie einen gebundenen Zustand, ein sog. Exziton. Dieses Exziton stellt die Anregungsenergie für das Farbstoffmolekül zur Verfügung. Das sich nun im Anregungszustand befindliche Farbstoffmolekül kann in seinen Grundzustand, unter Aussendung eines Photons, zurückfallen. Dieses Photon besitzt die Energiedifferenz zwischen Anregungs- und Grundzustand, was seine Wellenlänge definiert. Die gezielte Veränderung des Emittermaterials steuert somit die Emissionsfarbe. Fluoreszierende Materialien stellen nur Singulett-Zustände für die Strahlungsemission zur Verfügung, wodurch lediglich 25 % der gesamten Exzito-

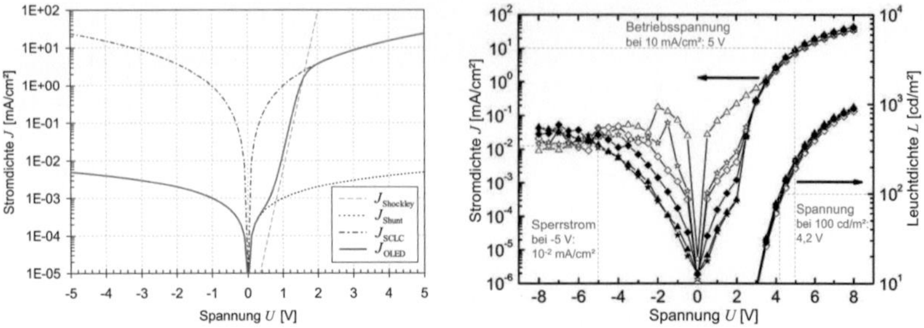

(a) Schematische Kennlinie einer idealisierten OLED, zusammengesetzt aus SHOCKLEY-Gleichung einer Halbleiterdiode, parasitärem Shuntwiderstand und raumladungsbegrenztem Strom.

(b) Reale Kennlinie einer *p-i-n* Hocheffizienz-OLED mit dem Schichtaufbau ITO/p-HTL/EBL/EML/HBL/n-ETL/Kathode (Mg, Yb) und einer Leuchtfläche von 81 mm^2 [TEM$^+$06].

Abbildung 2.5 Stromdichte-Spannungs-Kennlinie von *p-i-n* SM-OLEDs.

nen strahlend zerfallen können. Bei phosphoreszenten Farbstoffen bzw. mit deren Dotierung (PH-OLED) sind für sog. Triplettexzitonen auch strahlungsbildende Übergänge möglich, was zum einen die Effizienz deutlich erhöht und zum anderen auch das Emissionsspektrum und damit die Farbe beeinflusst. Für hocheffiziente OLEDs kommen aus diesem Grund phosphoreszente metallorganische Emitter wie z. B. Iridium- oder Platinkomplexe zum Einsatz (sog. „triplet harvesting").

2.1.4 Eigenschaften und deren Charakteristik

Stromdichte, Spannung und Leuchtdichte

Da die OLED ein elektrisches Bauelement ist, stehen vor allem die Stromdichte J (Stromstärke I pro Fläche A) und die Spannung U als Eigenschaften zur Beschreibung im Vordergrund. Die Kennlinie einer realen OLED (siehe Abbildung 2.5(b)) besteht in erster Näherung aus drei wesentlichen Bestandteilen (siehe Abbildung 2.5(a)): einer Diode, einem Widerstand parallel zur Diode und einer Strombegrenzung in Reihe zur Diode und erstem Widerstand [Sch06].

Die Stromdichte $J_{Shockley}$ der idealen Halbleiterdiode kann mit der SHOCKLEY-Gleichung

$$J_{\text{Shockley}}(U_{\text{F}}) = J_{\text{S}} \left(\mathrm{e}^{\frac{e \cdot U_{\text{F}}}{2kT}} - 1 \right) \tag{2.1}$$

in Abhängigkeit der angelegten Flussspannung U_F beschrieben werden. Dabei ist J_S die Sättigungssperrstromdichte, der Faktor „2“ der Emissionskoeffizient, bedingt durch den Rekombinationsstrom in der Diode, und e die Elementarladung, welche zusammen mit der Boltzmannkonstante k und der Absoluttemperatur T die Temperaturspannung $U_\mathrm{T} = \frac{k \cdot T}{e} \approx 25\,\mathrm{mV}$ (bei 22 °C) bildet.

Parallel zu dieser Diode existieren immer parasitäre Strompfade mit Leckströmen J_Shunt, die durch sog. Shuntwiderstände R_Shunt hervorgerufen werden.

$$J_\mathrm{Shunt}(U) = \frac{U}{A \cdot R_\mathrm{Shunt}} \tag{2.2}$$

Bei Betriebsspannungen größer als die Diffusionsspannung der Diode entsteht eine Raumladungszone durch die enorme Menge an Ladungsträgern, die nicht schnell genug abfließen können. Diese Raumladungszone schirmt das Feld des angelegten elektrischen Potentials ab, wodurch der Strom reduziert wird. Es entsteht ein raumladungsbegrenzter Strom, der sog. space charged limited current (SCLC) J_SCLC, der näherungsweise durch das MOTT-GURNEY-Gesetz beschrieben werden kann [Mur70, CAP07].

$$J_\mathrm{SCLC}(U) = \frac{9 \cdot \epsilon_r \cdot \epsilon_0 \cdot \mu}{8 \cdot d^3} \cdot U^2 \tag{2.3}$$

Dabei stellt d den Elektrodenabstand, ϵ_r die relative Permittivität des Materials, ϵ_0 die Vakuumpermittivität und μ die Beweglichkeit der freien Ladungsträger dar.

Über die KIRCHHOFF'schen Regeln ergibt sich für die Gesamtstromdichte J_{OLED} der OLED aus Reihenschaltung des raumladungsbegrenzten Stromes und der Parallelschaltung von Diode und Shuntwiderstand die Gleichung

$$J_\mathrm{OLED}^{-1}(U) = (J_\mathrm{Shockley} + J_\mathrm{Shunt})^{-1} + J_\mathrm{SCLC}^{-1}. \tag{2.4}$$

Mit diesen Betrachtungen lassen sich aus einer OLED-Kennlinie wichtige Aussagen ableiten, so u. a.

- die Sperrstromdichte bei definierter Sperrspannung (z. B. -5 V) als Kenngröße für die parasitären Shuntwiderstände und
- die Spannung bei gegebener Stromdichte (z. B. 10 mA/cm^2) als Flussspannungscharakteristik.

Je mehr Ladungsträger in der Emissionszone rekombinieren, desto größer ist auch der Photonenstrom. Die Leuchtdichte L_v der OLED ist also proportional dem OLED-Strom abzüglich dem nicht zur Emission beitragenden Parasitärstrom. So lässt sich die Arbeitsspannung der OLED beschreiben, indem die Betriebsspannung für eine bestimmte Leuchtdichte angegeben wird, z. B. 4,2 V bei 100 cd/m^2.

Effizienz und Auskopplung

Ein großer Vorteil organischer Leuchtdioden ist ihre hohe Effizienz. Sie wird zum einen mit der internen Quanteneffizienz $\eta_{\mathrm{Q,\,int}}$ beschrieben, die definiert ist als Quotient aus der Anzahl intern erzeugter Photonen und der Anzahl in den organischen Schichtstapel injizierter Elektronen [MLL09].

$$\eta_{\mathrm{Q,\,int}} = \frac{\text{Anzahl intern erzeugter Photonen}}{\text{Anzahl injizierter Elektronen}} = \gamma \cdot \chi \cdot \eta_r \tag{2.5}$$

Das Produkt aus der Ladungsträgerbalance γ, dem Exzitonen-Spin-Faktor χ und der Effizienz des strahlenden Zerfalls η_r beschreibt Faktoren, die für eine Optimierung wohl bekannt sein müssen. Eine interne Quanteneffizienz von ≈ 1 ist praktisch erreichbar [ABTF01]. Entsprechend der internen ist die externe Quanteneffizienz definiert zu

$$\eta_{\mathrm{Q,\,ext}} = \frac{\text{Anzahl ausgekoppelter Photonen}}{\text{Anzahl injizierter Elektronen}}, \tag{2.6}$$

wobei derzeit Werte von 21 % (BE-OLED) und 27 % (TE-OLED) erreicht werden [MFH$^+$10]. Die Auskopplungseffizienz ist das Verhältnis von externer zu interner Quanteneffizienz

$$\eta_{\mathrm{A}} = \frac{\eta_{\mathrm{Q,\,ext}}}{\eta_{\mathrm{Q,\,int}}}. \tag{2.7}$$

Um hocheffiziente Bauelemente zu erhalten, muss die Auskoppeleffizienz gesteigert werden. Dies kann im Wesentlichen durch drei Maßnahmen erreicht werden:

- richtige Wahl des Materials für den Deckkontakt (Kathodenmaterial),
- Anpassen der Mikrokavität und
- Aufbringen einer zusätzlichen Auskopplungsschicht.

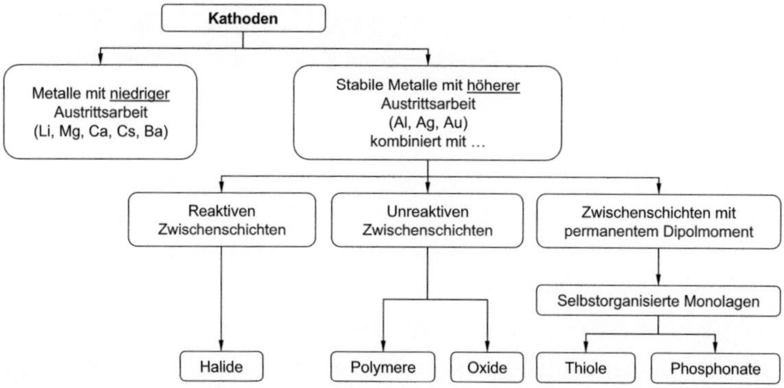

Abbildung 2.6 Verschiedene Ansätze für effiziente Kathoden aus der Literatur nach [Gas10].

Tabelle 2.2 Auskoppeleffizienz [%] von SM- (Alq_3: $\lambda = 550\,nm$) und P-OLEDs (MEH-PPV: $\lambda = 580\,nm$) jeweils als Top- und Substratemitter mit verschiedenen Metallelektroden [SWB04].

	Top-Emitter		Bottom-Emitter	
Metallkontakt	SM-OLED	P-OLED	SM-OLED	P-OLED
Silber	19,2	24,1	20,3	30,2
Aluminium	6,6	9,4	22,5	27,0
Calcium	16,6	20,9	15,7	18,8

Kathodenmaterial. Die Wahl des Kathodenmaterials ist immer ein Kompromiss zwischen Absorption, Leistungsverlust in geführten Wellen (guided modes), u. a. in SPP-Moden (SPP – surface plasmon polariton), und Mikrokavitätseffekten, bedingt durch die Reflektivität. In [SWB04] sind TE- und BE-OLEDs mit Silber-, Aluminium- und Calcium-Kathode gegenübergestellt worden. Die experimentellen Ergebnisse fasst Tabelle 2.2 zusammen, woraus zu entnehmen ist, dass für Topemitter eine Silberkathode am besten geeignet ist, was sich im aktuellen Stand der Technik widerspiegelt. Allerdings ist auch die Wahl des Kathodenmaterials für stabile und effiziente OLEDs ein wichtiger Punkt weiterer Untersuchungen [Gas10]. Die Abbildung 2.6 zeigt eine Übersicht zu verschiedenen Kathoden aus der Literatur. Einen Rückblick auf die aktuellen Arbeiten an effizienten Kathoden zeigt [DXQ11] auf.

Mikrokavität. In TE-OLED hat die Mikrokavität durch die hohen Reflektivitäten der metallischen Elektroden einen starken Einfluss u. a. auf Leuchtdichte, Emissionsspektrum und das Abstrahlverhalten [BNW98, RMDVS04]. Die organischen Schichten mit geringer Absorption zwischen den hochreflektiven Metallkontakten, die wie Spiegel arbeiten, bilden einen optischen Resonator. Darin propagieren die elektromagnetischen Wellen des emittierten Lichtes und interferieren. Je nachdem, wo sich die Emissionsposition im Schichtstapel befindet und wie dick der Organikstapel zwischen den Metallspiegeln in Bezug zur Emissionswellenlänge ist, tritt konstruktive oder destruktive Interferenz auf, wobei erstere anzustreben ist. Simulationen verwenden die klassische elektromagnetische Theorie zur Analyse der Auskopplung und berücksichtigen die Weitwinkel- (wide-angle) und die Vielstrahl- (multi-beam) Interferenzeffekte. Die Weitwinkeleffekte sind durch die Exzitonenposition und die Anoden-Reflektivität bestimmt, wohingegen die Vielstrahlinterferenz durch die Reflektivität beider Metallelektroden und der Dicke der Mikrokavität bedingt ist. Für TE-OLEDs hat die Vielstrahlinterferenz den größeren Einfluss, wobei die resultierende Mikrokavität für rot und grün relativ einfach, für weiß und blau viel schwerer herzustellen ist. Mit zunehmender Silberdicke des Deckkontaktes bei TE-OLEDs tritt eine Rotverschiebung der Elektrolumineszenz-Emissionsmaxima und eine Verringerung der Intensität auf [DCHL10]. Eine dünne Silberschicht (8 nm) ermöglicht dementsprechend eine gute Blauemission; eine dicke Silberschicht (40 nm) zieht eine starke Abweichung von Blau nach sich, was zu ungesättigten Farben und geringen Leuchtdichten für TE-OLED Displays führt.

Auskopplungsschicht. Um die Vielstrahlinterferenz weiter zu reduzieren, kann eine dünne dielektrische Auskopplungsschicht auf die Deckelektrode aufgebracht werden. Eine Schicht aus 2,9-Dimethyl-4,7-Diphenyl-1,10-Phenanthrolin (BCP) zeigt mit zunehmender Dicke eine Verringerung der Reflektivität, was eine größere Leuchtdichte für das Bauelement mit sich bringt [DCHL10]. Die Leuchtdichte einer blauen TE-OLED steigt durch eine 35 nm BCP-Auskoppelschicht um Faktor 1,3 (Stromeffizienzsteigerung um Faktor 1,46 auf 4,36 cd/A) [CLH08]. Für weiße TE-OLEDs mit einer 15 nm Silber-Kathode ist in [TNFL09] eine 55 nm dünne N,N,N',N'-tetrakis(4-methoxyphenyl)-benzidine (MeO-TPD) Auskoppelschicht für die Reduzierung der Mikrokavitätseffekte verwendet worden. Das Ergebnis ist eine Steigerung der Leistungseffizienz von 10 lm/W auf 13,3 lm/W, eine Steigerung der externen Quanteneffizienz von 5,4 % auf 7,8 % sowie eine Zunahme der Stromeffizienz von 17,9 cd/A auf 26,7 cd/A. Sowohl die spektrale Bandbreite als auch die Winkelabhängigkeit der Farbkoordinaten konnte die zusätzliche Auskoppelschicht verbessern.

Simulation von OLEDs

Für die Simulation von OLED Schichtstapeln ist zahlreiche kommerzielle Software, z. B. Setfos der Firma FLUXiM[3] oder SimOLED der Firma sim4tec[4], verfügbar. Diese verwenden unterschiedliche Berechnungsalgorithmen und berücksichtigen verschiedene physikalische Effekte für die Berechnung von optischen Größen aus gegebenem Schichtstapel, wobei auch Optimierungsaufgaben erledigt werden. Für diese Arbeit wurde die Software Setfos in der Version 3 eingesetzt, um die Schichtdicken der verwendeten Schichtstapel für eine hohe Lichtausbeute zu optimieren.

Leuchtmittelvergleich

Es gibt verschiedene Leuchtmittel mit unterschiedlichen Eigenschaften. Die folgende Tabelle 2.3 soll die OLED mit anderen Leuchtmitteln vergleichen. Dabei geht es um die wichtigen Parameter Lebensdauer und Lichtausbeute.

2.1.5 Degradation und Lebensdauer

Bei allen Vorzügen tritt bei der OLED auch eine Schwierigkeit auf: die Degradation. Sie beschreibt die Zerstörung eines Halbleiterbauelementes, die durch den Abfall der Leuchtdichte mit zunehmender Betriebszeit gemessen werden kann. In diesem Zusammenhang kennzeichnet der Begriff Lebensdauer einer OLED diejenige Zeitdauer, die bis zum Erreichen von 50 % (T_{50}) der Ausgangsleuchtdichte vergangen ist. Obwohl bis heute keine standardisierte Messmethode existiert, wird die Lebensdauer als ein Hauptindikator für die Leistungsfähigkeit der OLED gesehen. Im Automobilsektor ist meist der Leuchtdichteabfall auf 80 % (T_{80}) des Initialwertes ausschlaggebend.

Die Bestimmung der Betriebslebensdauer erfolgt aus der Leuchtdichte-Zeit-Charakteristik. Da die Zeit für den Leuchtdichteabfall auf 50 % sehr lang sein kann

[3]http://www.fluxim.com
[4]http://www.sim4tec.com

Tabelle 2.3 Verschiedene Leuchtmittel im Vergleich zu OLEDs in Bezug auf Lebensdauer und Lichtausbeute.

Leuchtmittel	Status[a]	Lebensdauer[b] [h]	Lichtausbeute [lm/W]	Ref.
SM-OLED				
rot	F u E	> 1 000 000	-	[Nov11b]
grün	F u E	200 000	120	[Nov11b, Nov11a]
blau	F u E	22 000	-	[Nov11b]
weiß	F u E	-	36–50	[Nov11c, Nov11a]
P-OLED				
rot	F u E	350 000	-	[Bid10]
grün	F u E	200 000	-	[Bid10]
blau	F u E	34 000	-	[Bid10]
weiß	F u E		50	[Bid10]
OLED weiß	Prod.	5 000	23	[OSR11e]
LED	F u E	-	249	[NIS+10]
LED	Prod.	25 000	54	[OSR11c]
Halogenmetall-dampflampe	Prod.	15 000	100	[OSR11b]
Leuchtstofflampe	Prod.	50 000	84	[OSR11d]
Glühlampe	Prod.	1 000	12	[OSR11a]
Kerze	Prod.	> 24	0,1–0,2	

[a] F u E – Forschung und Entwicklung, Prod. – kommerzielles Produkt
[b] Durch Extrapolation von Messkurven ermittelte Lebensdauerwerte

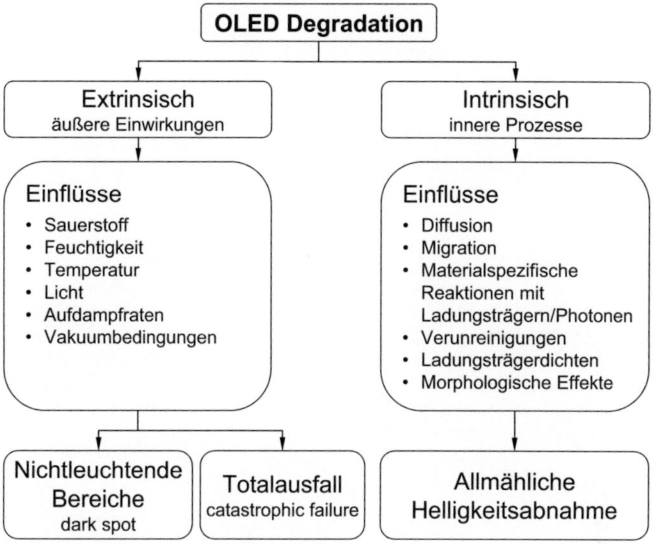

Abbildung 2.7 Einteilung der OLED Degradationsprozesse.

und daher während des Betriebslebensdauertests nicht immer die 50 % erreicht bzw. unterschritten werden, müssen die Messwerte extrapoliert werden. Dies kann mit einer gestreckten Exponentialfunktion erfolgen [FRV+05].

$$L_\mathrm{v}(t) = L_{\mathrm{v},\,0} \cdot \exp\left[-\left(\frac{t}{\tau}\right)^{\beta}\right] \tag{2.8}$$

Der berechnete Leuchtdichteabfall $L_\mathrm{v}(t)$ ergibt sich aus der Anfangsleuchtdichte $L_{\mathrm{v},\,0}$, der Zeit t und den beiden probenabhängigen Fit-Parametern β und τ.

Dieser Leuchtdichteverlust hat unterschiedliche Ursachen [SIK98, AP04], welche in innere Prozesse (intrinsisch) und äußere Einwirkungen (extrinsisch) eingeteilt werden können [ZB09] (siehe Abbildung 2.7). Die vielfältigen Degradationseinflüsse treten meist nicht separat auf, sondern sind zum Teil stark miteinander vernetzt und treten unterschiedlich stark in Erscheinung:

- **Nichtleuchtende Bereiche**. Kommt Sauerstoff oder Wasserdampf in direkten Kontakt zu den Elektroden, oxidieren sie. Diese dünnen Metallschichten verlieren ihre benötigte hohe Leitfähigkeit, wenn sie sich in Oxide oder Hydroxide umwandeln. Feuchtigkeit reagiert auch mit organischen Materialien,

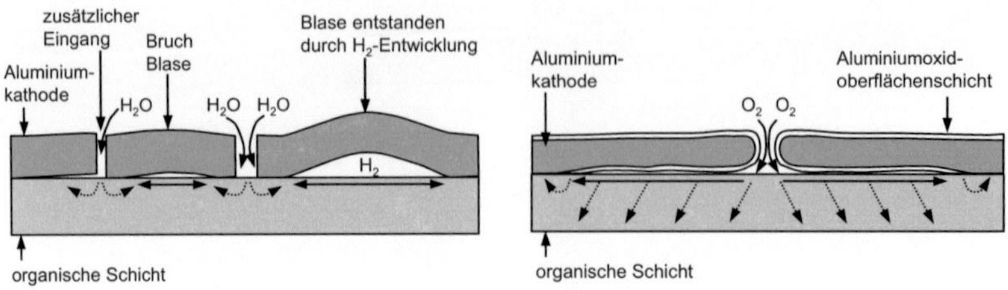

(a) Durch Wasserdampfatmosphäre hervorgerufene Darkspotbildung während des Betriebes der OLED. Wasser dringt durch die Löcher ein und diffundiert zur Organik/Elektrode-Grenzschicht (gepunktete Pfeile). An der Elektrode wird das Wasser reduziert und bildet Wasserstoffgas. Durch den steigenden Druck entstehen gefüllte Blasen, die Wasser schneller transportieren (durchgehende Pfeile) als die Diffussion. Eventuell brechen diese Blasen auf und formen so neue Eindringpunkte.

(b) Oxidation der Elektrode durch reine Sauerstoffatmosphäre ohne Betrieb des Bauelementes. Die Volumenvergrößerung des Oxides läßt die Delamination stetig fortschreiten und unterstützt das Eindringen von neuem Sauerstoff (durchgehende Pfeile). Die Diffusion in die Organik ruft das kontinuierliche Wachstum der Oxidzwischenschicht hervor.

Abbildung 2.8 OLED-Degradation durch die Bildung von sog. dark spots [SNB+01].

was zu Solvatisierung[5] und chemischen Reaktionen mit den organischen Molekülen führt. Die Folge aus dem eingedrungenen Wasser und dem Sauerstoff sind schlechtere Materialeigenschaften, die nichtemittierende Flächen hervorrufen. Den Ausgangspunkt für dieses Eindringen bilden einzelne mikroskopisch kleine Defektstellen in der Kathode, sog. pinholes, die durch Schichtstörungen oder Partikel entstehen können. Sie bilden sich nur während der Herstellung [MAH+96, LWC01]. Wasser und auch Sauerstoff kann durch diese Löcher eindringen und zu unterschiedlichen Schädigungsabläufen führen (siehe Abbildung 2.8). Die Schädigung durch Wasser ist um 3 Größenordnungen stärker als durch Sauerstoff bei Raumtemperatur [SNB+01]. Es entstehen nichtleuchtende kreisrunde Bereiche, sog. „dark spots“ oder „black spots“, deren Durchmesser durch ausschließliches Einwirken von Sauerstoff linear und durch alleinigen Einfluss von Wasserdampf exponentiell wachsen.

Eine Delamination der Elektroden von der Organik kann auftreten, wenn in die dünnen Schichten der OLED durch ihre Deposition intrinsische Spannungen eingebaut werden. Sind diese Spannungen größer als die Adhäsion zwischen zwei benachbarten Schichten, delaminieren diese. Der Ladungsträ-

[5] Solvatisierung: Bildung einer Hülle aus Lösungsmitteldipolen um die organischen Moleküle aufgrund ihrer elektrischen Ladungen.

gerfluss ist lokal gestört bzw. unterbrochen, was auch als nicht-emittierende Gebiete in Erscheinung tritt.

- **Totalausfall**. Morphologische Defekte in den organischen Schichten oder den Elektroden führen zu elektrischen Hotspots. Die dort stark erhöhte Stromdichte bedingt eine lokale Erwärmung, was zu einer Veränderung und im schlimmsten Fall zum Schmelzen des Materials führt, wenn die lokale Temperatur die Glasübergangstemperatur T_g des organischen Materials übersteigt. Es entstehen hohe Leckströme, die einen teilweisen oder gesamten Verlust der Leuchtdichte verursachen (Kurzschluss) [AP04].
- **Allmähliche Helligkeitsabnahme**. Die intrinsische Degradation ist materialabhängig und bringt einen Verlust der Elektrolumineszenzquanteneffizienz mit sich, wobei sich das äußere Erscheinungsbild des OLED-Bauelementes nicht sichtbar ändert. Im Material Alq_3 führt eine übermäßige Injektion von Löchern und auch Elektronen zu einer erheblichen Degradation, die hauptsächlich von der Ladungsträgerdichte bestimmt ist [LAXP07]. Es gibt weitere Ursachen für die intrinsische Degradation [Sch09], die generell der OLED-Betrieb hervorruft, doch eine umfassende Beschreibung dieser Prozesse existiert bislang noch nicht. Die intrinsische Degradation äußert sich meist in einer allmählichen Helligkeitsabnahme des organischen Bauelementes bei Betrieb und sie ist materialspezifisch.

Während die intrinsischen Degradationsprozesse materialabhängig sind, ist für den Schutz vor Wasser und Sauerstoff eine geeignete Verkapselung notwendig, die im Folgenden beschrieben wird.

2.1.6 OLED-Verkapselung

Werden OLEDs in Umgebungsluft betrieben, zeigen sie einen starken Verlust ihrer Elektrolumineszenz, so z. B. nach bereits 15 min die halbe Leuchtdichte mit einem Anfangswert von 115 cd/m^2 und nach insgesamt 2,5 h eine Restleuchtdichte von 1 cd/m^2 durch Dauerbetrieb bei Raumtemperatur und einer Stromdichte von 10 mA/cm^2 [HATS92]. Um dies zu verhindern, schützt eine sog. Verkapselung das organische Bauelement. Dafür kommen verschiedene Techniken zum Einsatz (siehe Abbildung 2.9).

- **Rahmenverkapselung**. Ein Deckel z. B. aus Glas oder Metall ist mit dem

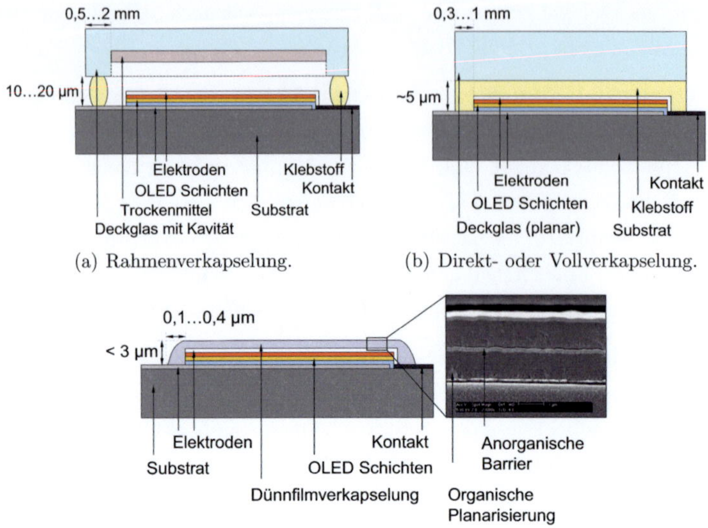

(a) Rahmenverkapselung.

(b) Direkt- oder Vollverkapselung.

(c) Dünnschichtverkapselung.

Abbildung 2.9 Techniken für die OLED-Verkapselung.

Substrat beispielsweise durch Klebstoff, Lot, Glasfritte o. ä. zusammengefügt. Meist kommt Klebstoff zum Einsatz, der maßgeblich die Eigenschaften der Verkapselung beeinflusst. Überblicksdarstellungen zu Klebstoffen sind z. B. in [HOG⁺09, Hab09] zu finden. Das Abbinden für derartige Klebstoffe geschieht mit Temperatur, Strahlung oder einer Kombination aus beiden, was eine höhere Fügefestigkeit erzielt. Die Abbindetemperaturen für derartige Klebstoffe sind durch die Glasübergangstemperaturen der OLED-Materialien beschränkt, weshalb etwa 80 °C nicht überschritten werden sollte. Epoxidharze zeigen gegenüber Acrylaten eine geringere Wasserdampfdurchlässigkeit (WVTR – water vapor transmission rate) [DBBW06], was deren weite Verbreitung erklärt. Die Fügestellen zwischen Deckel und Substrat umrahmen das aktive Gebiet, wobei kein Kontakt zwischen OLED und Verkapselungsdeckel besteht. Ein solcher Rahmen ist zwischen 0,5 und 2 mm breit und die Klebstoffdicke liegt bei etwa 10–20 µm, resultierend aus Klebstoffdispensen und Anpressen des Deckels an das Substrat. Je dünner die Klebstoffschichtdicke, desto kleiner ist die Querschnittsfläche und damit die durch die Versiegelung hindurchpenetrierende Menge an Sauerstoff und Wasserdampf. Zusätze in den Klebstoffen wie Feststoffe für höhere Permeationsbarrieren oder Abstandshalter (sog. spacer) mit definierter Größe, z. B. 100 µm lang und einem Durchmesser von ∅ 12 µm, beeinflussen die Schichtdicke zusätzlich. Im Deckel kann sich, z. B. in einer Kavität[6], ein Trockenmittel befinden, welches Restfeuchtigkeit und eindringendes Wasser bindet und so die Reaktion mit der OLED verhindert bzw. verzögert.

- **Direktverkapselung**. Ein planarer Deckel ist adhäsiv mit dem Substrat verbunden. Dabei ist der Klebstoff auf der gesamten Fläche aufgetragen und steht somit in direktem Kontakt mit dem aktiven Gebiet des Bauelementes. Die Klebstoffdicke ist mit 5–10 µm geringer als bei der Rahmenverkapselung. Das Abbinden des Klebstoffes kann mit erhöhter Temperatur oder Strahlung geschehen, wobei beides die OLED beeinflusst [WGZ+08]. Bei strahlungshärtenden Klebstoffen bestimmen Photoinitiatoren im Klebstoff den Härtungswellenlängenbereich, der meist im ultravioletten, aber auch im sichtbaren Spektralbereich liegen kann. Der Verzicht auf den planaren Deckel und somit der alleinige Auftrag von Klebstoff reicht aufgrund der viel geringeren Barrierewirkung als z. B. Glas nicht als Verkapselung aus [KOY+04, WHCC07].

- **Dünnschichtverkapselung**. Diese Verkapselungsart hat viele Vorteile gegenüber den ersten beiden Ansätzen. Die sehr dünne Verkapselung erlaubt die Herstellung kleinerer und leichterer Bauelemente. Außerdem kann eine solch dünne Schicht eine gewisse Flexibilität ermöglichen, was ein schwerer, spröder und starrer Glasdeckel nicht leistet. Eine Einzelschicht aus den anorganischen Materialien SiO_2, Si_3N_4 oder Al_2O_3 [GGJF05] bildet eine Barriere gegenüber der Umwelt, ist allerdings spröde und anfällig für Mikrorisse. Atomlagendeposition (ALD) kann eine dichte Gasbarriereschicht herstellen, die den Nachteil langer Herstellungszeiten [CMG+09], z. B. mit > 37 min für eine 1800 Å dicke Al_2O_3-Schicht [GGJF05], hat. Eine SiO_2-Schicht, hergestellt aus Hexamethyldisiloxan (HMDSO) und Sauerstoff mit plasmaunterstützter chemischer Gasphasenabscheidung (PECVD), kann eine flexible Barriereschicht bilden, die relativ einfach herzustellen, aber durch löcherbildende Partikel verschlechtert wird [MGH+08]. Derartige Defekte in den Einzelschichten lassen sich mit einem Schichtverbund aus organischen und anorganischen Materialien

[6]Kavität: Vertiefung oder Hohlraum.

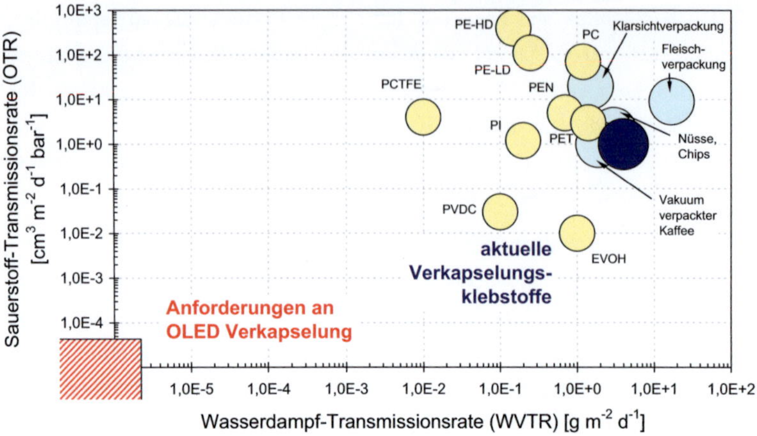

Abbildung 2.10 Wasserdampf- und Sauerstoffdurchlässigkeit von Barrierematerialien bei $d = 1\,\mathrm{mm}$, $T = 23\,°\mathrm{C}$ und unterschiedlicher relativer Luftfeuchte nach [LW03] im Vergleich zu OLED-Anforderungen.

unterbinden [LKY09], kommerzialisiert z. B. als Barix™ der Firma Vitex [CRM+03]. Derartige Schichtsysteme bestehen z.B. aus Poly-Harnstoff und Al_2O_3 [LCK+09] und weisen eine Dicke von wenigen Mikrometern auf.

Entscheidend für eine gute Verkapselung sind eine geringe Sauerstoffdurchlässigkeit (OTR – oxygen transmission rate) und eine minimale Wasserdampfdurchlässigkeit WVTR. Abbildung 2.10 zeigt diese beiden Eigenschaften von Standardverkapselungsmaterialien in Bezug auf die von OLEDs geforderten Werte:

- Sauerstoffdurchlässigkeit OTR kleiner als 10^{-5} $\mathrm{cm^3/(m^2\,day)}$ [KAO+02].
- Wasserdampfdurchlässigkeit WVTR nicht größer als 10^{-5}–10^{-6} $\mathrm{g/(m^2\,day)}$ [DBBW06, KAO+02], wenn eine Direktverkapselung für eine OLED mit 10.000 h Lebensdauer bei 39 °C und 95 % relativer Luftfeuchte eingesetzt wird.

Die Messung solch geringer Permeationsraten ist sehr schwierig. Meist wird die Konzentration des permeierenden Stoffes auf der anderen Seite der Barriereschicht in einem vorbeiströmenden Trägergasfluss bestimmt (z. B. Fa. MOCON), wozu es auch genormte Messvorschriften gibt [DIN05, AST, JIS06]. Permeationsraten von Ultrabarrieren können so allerdings nicht ermittelt werden. Daher ist die Methode der Degradationsmessung von verkapseltem Calcium besser geeignet. Die

Degradation des Calciums, also dessen Umwandlung in transparentes Calciumoxid bzw. -hydroxid kann z. B. über dessen Transparenz oder über dessen Widerstand (Detektionsgrenze: 10^{-6} g/(m^2 day)) [PWH+03] erfolgen, wofür es jedoch bis heute keinen Standard gibt. Das sicherste und praxisrelevanteste Ergebnis liefert die Messung der Leuchtdichteabnahme eines OLED-Bauelementes mit der zu testenden Verkapselung, da hier das reale Materialsystem mit seinen Grenzflächen zur Wirkung kommt. Gegenstand dieser Arbeit ist die Untersuchung der Degradation an realen OLEDs.

2.1.7 OLED-Mikrodisplays

OLED Integration in Silizium

Obwohl die Mikroelektronik seit vielen Dekaden verwendet und weiterentwickelt wird, fehlte bisher eine effiziente Lichtquelle, die für eine monolithische Integration tauglich ist. Die Technologie der OLED lässt erstmals eine Kombination von Strahlungsquelle und Mikroelektronik zu. Es konnte in den letzten Jahren die Technologie der organischen Leuchtdiode so angepasst werden, dass die OLED mit komplementären Metall-Oxid-Halbleiter-Substraten (CMOS – complementary metal oxide semiconductors) angewendet werden kann [KSO+94, MWH+00, TGK+08].

Die Abbildung 2.11(a) illustriert den Aufbau einer OLED-auf-CMOS-Struktur. Das p-dotierte Silizium-Substrat enthält die Transistoren, die zum Treiben der organischen Lichtquelle benötigt werden. Die Metall- und Durchkontaktierungslagen verbinden die CMOS-Schaltung mit der letzten Metallschicht, welche den Anodenkontakt der OLED bildet. Die Emissionsfläche ist durch die Größe der Anodenstruktur bestimmt und besitzt Pixelgrößen von 12 µm oder kleiner [KTVA06]. Der Schichtstapel aus Organik und Kathode bedeckt nicht nur die aktive Leuchtfläche, sondern liegt ganzflächig auch auf den Pixelzwischenräumen und reicht über das Pixelmatrixgebiet hinaus. Die OLED-Beschichtung mit Schattenmaskentechnologie limitiert durch die Maskenöffnungen die minimale Größe für die Materialabscheidung. Dadurch ist die Pixelmatrix mit einem zusammenhängenden (unstrukturierten und einfarbigen) OLED-Bereich beschichtet. Verwendet man die Schattenmaskentechnik, um separate rote, grüne, blaue oder auch weiße Pixel mit einem gewissen Abstand herzustellen, sind aufgrund der limitierenden Schattenmaskenöffnungen nur größere Pixel herstellbar. Dies liegt zum einen an

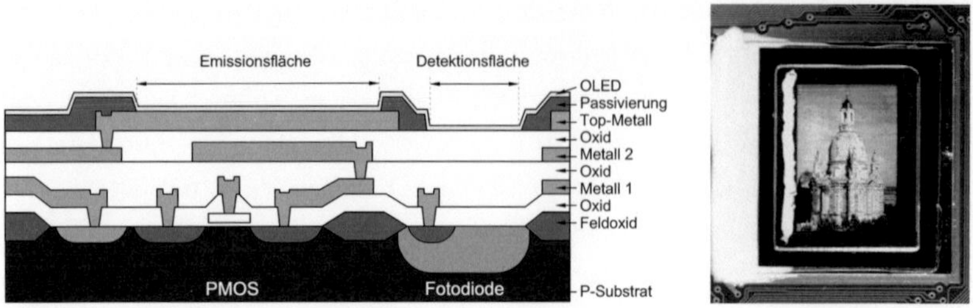

(a) Schematischer Querschnitt. CMOS-Substrat mit Transistoren und Metallzwischen- und Metallverbindungsschichten bedeckt mit dem OLED-Schichtstapel. Als Strahlungsempfänger beinhaltet der CMOS-Untergrund eine Fotodiode nach [RKP+08].

(b) Bidirektionales SM-OLED Mikrodisplay mit einer 320×240 Pixel Displaymatrix und einer 160×120 Pixel Kameramatrix [Quelle: Fraunhofer IPMS].

Abbildung 2.11 Kombination von OLED und CMOS-Mikroelektronik.

der notwendigen mechanischen Stabilität der Schattenmaskenreststege (Zwischenraum zwischen Beschichtungsgebieten) und zum anderen an der Abschattung bei Bedampfungsprozessen. Derartige strukturierte Einzelfarben erfordern keine zusätzlichen Farbfilter, um ein Vollfarbdisplay herzustellen. Ohne das pixelstrukturierte Abscheiden der OLED sind mit der mikrostrukturierten Elektrode sehr kleine Pixelgrößen erreichbar, allerdings ist ein Farbfilter für Farbdisplays notwendig, der die Displayhelligkeit verringert (siehe weiter unten S. 27).

Die CMOS-Technologie erlaubt weiterhin den Einbau von Fotodioden. Kombiniert man sie mit OLEDs, entsteht ein empfindlicher Strahlungsempfänger mit neuen Funktionen, wie z. B. optische Sensorik an OLED-beleuchteten Oberflächen (Sensor). Hochgenaue Lithografieschritte erzielen die Ausrichtung von Strahlungsquelle und -empfänger auf einem Chip. Die monolithische OLED-CMOS-Kombination reduziert die Einzelkomponentenanzahl und erhöht somit die Systemzuverlässigkeit.

Die Verbindung von OLED und signalverarbeitenden CMOS-Schaltkreisen ist besonders interessant für Matrixbauelemente, wie

- Head-up Displays für Multimedia und Projektion [KTV+08],
- Mikrodisplays mit zusätzlicher Fotodiodenmatrix für die Erfassung der Augenbewegung (bi-direktional, siehe Abbildung 2.11(b)) [VKR+08] und
- Sensoren für Oberflächenqualitäts- oder Farbmessungen [VKR+07].

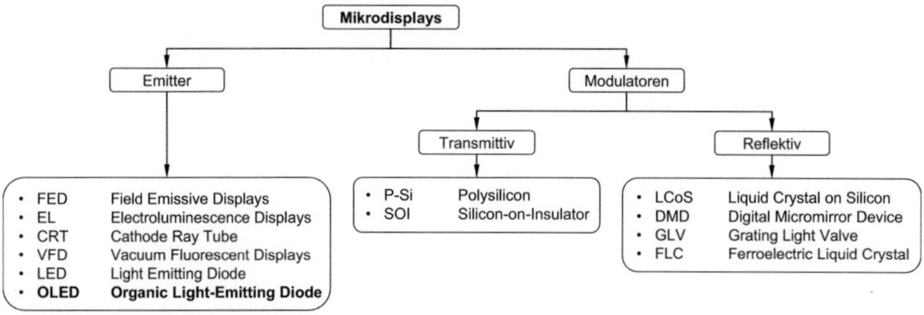

Abbildung 2.12 Einteilung der Mikrodisplays nach ihrem Funktionsprinzip mit typischen Vertretern nach [BKFU06].

Mikrodisplays

Es gibt unterschiedliche physikalische Ansätze für Mikrodisplays, die die Grundlage für verschiedene Displaytypen sind (siehe Abbildung 2.12). Grundsätzlich gibt es selbstemittierende und andererseits zu beleuchtende Systeme, die frontal beleuchtet werden oder mit einer Hintergrundstrahlung arbeiten. Informationen zu den anderen Mikrodisplaytypen gibt z. B. [AUW06]. Die Entwicklung eines LED-Mikrodisplays ist in [Püt06] beschrieben.

In unmittelbarer Konkurrenz zueinander stehen die Flüssigkristalle mit liquid crystal on silicon (LCoS) und die organischen Leuchtdioden (OLEDs), wobei die Flüssigkristalle eher am Markt etabliert waren und dadurch einen gewissen Vorsprung aufweisen. OLEDs bieten bestimmte Vorteile und fordern die etablierten Technologien damit heraus. Die Tabelle 2.4 stellt die beiden Technologien LCoS und OLED in ihren Eigenschaften gegenüber. Die Vorteile der OLED liegen in kürzeren Schaltzeiten, dem größeren Betriebstemperaturbereich, der Elektrolumineszenzeigenschaft ohne zusätzliche Beleuchtung und dem geringeren Energiebedarf, da nur leuchtende Pixel Energie verbrauchen. Flüssigkristallmikrodisplays hingegen bieten eine längere Lebensdauer und das bei der OLED auftretende differentielle Altern der einzelnen Bildpunkte stellt hier kein Problem dar [Pra01]. Der vielbenannte Betrachtungswinkel stellt hinsichtlich Mikrodisplays aber kein Entscheidungskriterium dar, weil meist eine gerichtete Abstrahlung in eine Optik für Projektion oder direkt in das menschliche Auge erfolgt. Eine Betrachtung von der Seite kommt somit nur im Spezialfall zur Anwendung.

Eine umfassende Marktanalyse soll hier nicht betrieben werden, es sei aber auf

Tabelle 2.4 Vergleich von Eigenschaften der OLED- und der LCoS-Technologie als direkt konkurrierende Mikrodisplay Architekturen, angelehnt an [AUW06].

OLED Technologie	LCoS Technologie
+ emittierend	o reflektiv oder transmittiv
+ keine zusätzliche Lichtquelle notwendig	– benötigt Hintergrund- oder Frontalbeleuchtung
o nahezu Lambertsche Abstrahlung	o begrenzter Betrachtungswinkel
o emittiert unpolarisiertes Licht	o emittiert meist linear polarisiertes Licht
o nur Festkörpermaterialien	o nicht nur Festkörpermaterialien
+ kurze Schaltzeiten (~1 µs)	– lange Schaltzeiten (~10 ms)
o Farben mit Dotierung, verschiedenen Emittermaterialien, oder Farbfiltern	o Farben mit externer Lichtquelle oder Farbfiltern
+ nur beleuchtete Pixel verbrauchen Energie	– Energieverbrauch der Hintergrundbeleuchtung immer konstant
o stromgesteuert, Stromtreiber	o spannungsgesteuert, Spannungstreiber
– relativ kurze Lebensdauer	+ relativ lange Lebensdauer
o Betriebstemperatur $<$-20 °C... +70 °C	o Betriebstemperatur $>$0 °C
– differentielles Altern	+ kein Problem
– Strukturierung bedarf Weiterentwicklung	+ kein Problem

wichtige weltweit agierende Firmen mit besonderem Bekanntheitsgrad verwiesen [BKFU06]. Bei den Flüssigkristallen ist z. B. Kopin Corp. (USA)[7], Holoeye Systems Inc. (USA)[8] und Carl Zeiss AG (Deutschland)[9] zu nennen. OLED-Mikrodisplays sind kommerziell beispielsweise von eMagin Corp. (USA)[10] zu bekommen, wo weiße SM-OLEDs mit Farbfiltern eingesetzt werden [LEE+02]. Die Firma Microoled (Frankreich)[11] und das Fraunhofer Institut für photonische Mikrosysteme (IPMS, Deutschland)[12] bieten Entwicklungen und Nischenprodukte zur OLED-Mikrotechnologie an. Die Tabelle 2.5 zeigt die Gegenüberstellung eines kommerziell erhältlichen LCoS-Mikrodisplays und eines OLED-Mikrodisplays. Wie bei vielen neuen Technologien ist auch die Entwicklung von Mikrodisplays zuerst durch das Militär getrieben worden. Anschließend kamen Anwendungen in Industrie und Medizin. Mit der Zeit bildete sich eine zunehmende Nachfrage für Konsumerprodukte wie Video-/Multimediabrillen, Viewfinder oder mobile Mikroprojektoren. Diese

[7]http://www.kopin.com
[8]http://www.holoeyesystems.com/lcos_microdisplay_specifications.html
[9]http://www.zeiss.de/cinemizer
[10]http://www.emagin.com/oled-microdisplays/
[11]http://www.microoled.net
[12]http://www.ipms.fraunhofer.de

Tabelle 2.5 Eigenschaften aktueller kommerzieller Mikrodisplays auf Basis von LCoS- und OLED-Technologie.

	Holoeye Systems Inc. (USA) [Hol11] HED-5216	eMagin Corp. (USA) [eMa10] EMA-100310-01
Typ	reflektives LCoS	SM-OLED auf CMOS
Farberzeugung	sequentielle Farbbilder mit farbgefilterter weißen Hintergrundbeleuchtung (CFS)[a]	mikrostrukturierter Farbfilter auf weißem Emitter (RGB-Subpixel)
Auflösung	1280×768	$852\,(\times 3) \times 600$
Matrixgröße	$12{,}28 \times 6{,}91$ mm	$12{,}78 \times 9$ mm
(Sub-)Pixelpitch[b]	9,6 µm	15 µm
Kontrast	2.500:1	$\geq$ 100:1
Helligkeit	k. A.	≥ 150 cd/m^2
Betriebstemperatur	+10 ... +70 °C	-40 ... +65 °C
Lebensdauer	> 20.000 h	k. A.

[a] CFS – color field sequential: Das Display zeigt eine wiederholende Sequenz von drei monochromen Bildern (RGB) mit einer Frequenz größer als 180 Hz.
[b] Bildpunktabstand

Konsumerprodukte werden voraussichtlich in den kommenden Jahren auf dem Markt mit großem Absatz zu finden sein, und die Realisierung von 3D-Displays steht in ihren Startlöchern.

Bei OLED-Mikrodisplays kann eine vollfarbige Anzeige durch unterschiedliche Ansätze erreicht werden (siehe Abbildung 2.13) [HC02, Sam06, AUW06, LM07]. Die Herstellung von strukturierten Einzelfarbemittern ist limitiert durch die Strukturierungsmethode, liefert aber höchste Effizienzen. Die Emitter müssen einzeln optimiert werden und differentielles Altern der verschiedenen Emitter ist problematisch. Um unterschiedliche Leuchtdichten von Einzelfarbemittern aneinander anzupassen (Einstellen des Weißfarbpunktes, bei dem alle Farben emittieren), kann die Emitterfläche für die Einzelfarb-Subpixel variiert werden. Farbfilter sind durch LCDs etabliert [Sab99], erfordern keine Emitterstrukturierung und besitzen durch die Verwendung desselben Materials eine gleichmäßige Alterung. Ihr Nachteil ist der Leistungsverlust, vor allem bei Absorptionsfiltern. Die feine Strukturierung (< 10 µm) von Interferenzfarbfiltern [FNB09] ist derzeit durch die eingesetzte Schattenmaskentechnik beschränkt, wobei mit Absorbtionsfiltern über Lithografie kleine Strukturen erreicht werden können. Die Farbkonversion mit floureszierenden Materialien, die Licht mit kurzer Wellenlänge absorbieren, z. B. blau, und bei

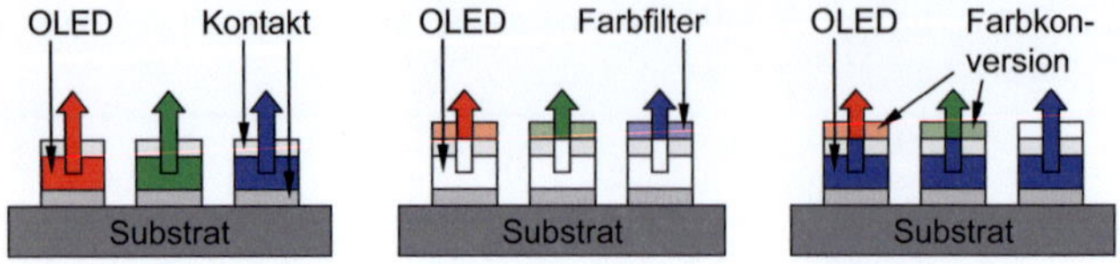

(a) Einzelfarb-Emitter (RGB). (b) Weißer Emitter mit Farbfilter. (c) Blauer Emitter mit Farbkonversion.

Abbildung 2.13 Erzeugung von Vollfarben für OLED-Mikrodisplays.

größeren Wellenlängen, z. B. grün oder rot, emittieren (CCM – color changing material) [eMa01], ist effizienter als der Einsatz von Farbfiltern und bedarf ebenfalls keiner Emitterstrukturierung. Auch hier arbeitet das ganze aktive Gebiet mit demselben Emitter, wodurch kein differentielles Altern auftritt. Als Nachteil sei hier die Alterung der CCM-Materialien und die Notwendigkeit eines stabilen und effizienten blauen Emitters zu nennen.

Als Farbfilter kommen in dieser Arbeit Absorptionsfilter zum Einsatz, bei denen das Filtermaterial Bereiche des emmittierten Spektrums der Leuchtdiode absorbiert und so unterschiedliche Farben erzeugt. Eine Recherche nach den effizienteren Interferenzfiltern fand keinen Anbieter, der Strukturen mit Abmessungen kleiner als 10 µm erzeugen kann.

2.2 Waferbonden

2.2.1 Waferbondverfahren

Waferbonden bezeichnet das Zusammenfügen von mehreren dünnen (0,4 bis 1,0 mm) Substraten mit einem großen Durchmesser (50–300 mm) [Tur04]. Dieses Verfahren ist zu einer Schlüsseltechnologie für die Mikroelektronik, die Mikroelektromechanik (MEMS) und die Mikrooptoelektromechanik (MOEMS) geworden. Die Erzeugung komplexer Strukturen durch das Stapeln von Substraten unterschiedlicher Funktionen und die parallele Bearbeitung mehrerer Bauelemente im Sinne einer Zeit- und Kostenreduktion sind wesentliche Vorzüge für den Einsatz des Waferbondens. Das Waferbonden lässt sich unterteilen in Verfahren mit Zwischenschicht und ohne Zwischenschicht. Die Tabelle 2.6 stellt die bekanntesten Verfahren in ihren Eigenschaften gegenüber.

Tabelle 2.6 Waferbondverfahren mit Prozessbedingungen, Vor- und Nachteilen und Anwendungsgebieten nach [NSLG06].

Waferbondverfahren	Prozesseigenschaften	Vor- und Nachteile	Anwendungen
Direktbonden	600–1200 °C keine/kleine Kraft	+ hohe Bondfestigkeit + hermetisch + hochtemperaturfest – nicht CMOS-kompatibel – sehr geringe Oberflächenrauheit notwendig	SOI-Wafer-Herstellung
Anodisches Bonden	150–500 °C 200–1500 V keine Kraft	+ hohe Bondfestigkeit + hermetisch + hochtemperaturfest – Kontamination mit Natrium – nicht CMOS-kompatibel	Packaging von Sensoren
Eutektisches Bonden	200–400 °C mittlere Kraft	+ hohe Bondfestigkeit + hermetisch + elektrisch leitend + CMOS-kompatibel – empfindlich für Oberflächenoxid	Chip-Packaging
Thermo-Kompressions-Bonden	350–600 °C hohe Kraft (100–800 MPa)	+ hermetisch + CMOS-kompatibel – hohe Kräfte erforderlich – sehr geringe Oberflächenrauheit notwendig	Flip-Chip-Bonden, 3D-IC-Stapel
Glas-Fritte-Bonden	bis 450 °C bis mittlere Kraft	+ hohe Bondfestigkeit + hermetisch – nicht CMOS-kompatibel	Sensorpackaging
Adhäsives Bonden	RT bis 400 °C, keine bis mittlere Kraft	+ hohe Bondfestigkeit + geringe Temperatur + fast beliebiges Substratmaterial + CMOS-kompatibel + Oberflächentopografie tolerant – nicht hermetisch – geringe Temperaturfestigkeit	MEMS, Transferbonding, Sensorpackaging

Die Suche nach einem geeigneten Bondverfahren für die Verkapselung von OLED-beschichteten CMOS-Substraten stellt folgende Anforderungen.

- **Barriere.** Eine effektive Barriere gegen Sauerstoff und Feuchtigkeit ist erforderlich (siehe S. 22).
- **Transmission.** TE-OLEDs auf opaken Substraten emittieren ihr Licht durch die Verkapselung. Ziel ist eine maximale Lichtausbeute, sodass jede einzelne Schicht, z. B. Klebstoff, Glas, Farbfilter oder Mikrooptik, auf der OLED maximale Transmission bieten muss.
- **Fläche.** Die Herstellung von CMOS-Wafern ist sehr aufwendig und teuer, was zu hohen Flächenkosten führt. Ein minimaler Flächenbedarf der Verkapselung ist somit sehr wichtig. Beispiel: Bei einer Chipgröße von $10 \times 10\,\text{mm}^2$ mit einem 1 mm breiten umlaufenden Klebstoffrahmen benötigt die Verkapselung eine Fläche von 31 %, die für das aktive Gebiet verloren geht.
- **Durchsatz.** Massenproduktion erfordert einen hohen Durchsatz, um die Prozesszeit zu reduzieren. Die Modulprozessierung wie bei Wafern bearbeitet viele Bauelemente simultan, was die Herstellungseffizienz deutlich erhöht.
- **Umgebung.** Die Verkapselung von organischen Bauelementen, wie z. B. OLEDs, ist sehr empfindlich gegenüber Umwelteinflüssen. Deshalb ist die Handhabung in einer kontrollierten Atmosphäre, vorzugsweise ohne Sauerstoff, Wasser und Partikeln, notwendig. Die Temperatur darf etwa 80 °C nicht übersteigen, was in der Stabilität der organischen Materialien begründet ist (Glasübergangstemperatur).

Die Voraussetzung der begrenzten Temperatur unter 80 °C für OLEDs lässt nur das direkte und das adhäsive Waferbonden zur Nutzung zu. Das Verbinden zweier Substrate bei Raumtemperatur ohne eine Zwischenschicht konnte von Mitsubishi Heavy Industries, Ltd. (Japan) gezeigt werden [MHI10]. Um diese direkte Verbindung durch kovalente und van-der-Waals-Bindungen zu erzeugen, sind Oberflächenrauigkeiten kleiner als 0,5 nm notwendig, die mit einer Oberflächenbehandlung, z. B. dem Beschuss mit Ionen, erreicht werden können. Auch das störende Oberflächenoxid kann so heruntergelöst werden, um freie Bindungsenden der Oberflächenatome zu generieren (sog. dangling bonds). Durch diesen sputterähnlichen Abtrag wirken die hohen Energien des Ionenbeschusses, welche sich im Bereich von 70 eV bewegen, auch auf die nachfolgenden Atome und schlagen auch diese heraus. Beim Direktbonden eines OLED-Wafers können durch den Oberflächenbeschuss die extrem dünnen OLED-Schichten sehr schnell beschädigt werden.

2.2.2 Adhäsives Waferbonden

Das adhäsive Bonden bedient sich einer Zwischenschicht aus Klebstoff, um zwei Oberflächen miteinander zu verbinden. Anfänglich meist zum Fügen auf Chipebene eingesetzt [YMD+02], entwickelt sich die Nutzung zunehmend in Richtung hochgenau positioniertes Waferfügen [NSLG06]. Kohäsion zwischen den Klebstoffmolekülen und Adhäsion zwischen Klebstoff und den Waferoberflächenatomen stellen die Verbindungskräfte dar. Der Klebstoffauftrag erfolgt auf eine oder auch auf beide Oberflächen. Nachdem beide Wafer in Kontakt gebracht sind, verbessert eine Druckkraft den Kontakt weiter. Danach wird der Klebstoff aus seiner flüssigen oder viskoelastischen Phase in festen Zustand überführt. Meist kommt dafür erhöhte Temperatur oder elektromagnetische Strahlung im ultravioletten Spektralbereich zum Einsatz (siehe Abschnitt *Abbinden* ab S. 36).

Zusätzlich zur geringen Temperaturbelastung der Substrate, welche, abhängig vom verwendeten Klebstoff, zwischen Raumtemperatur und 450 °C liegt, ist vor allem die Tolerierung der Oberflächentopografie sowie der Partikel ein wesentlicher Vorzug dieses Verfahrens. Abhängig von ihrer Größe können störende Partikel in der Klebstoffschicht eingebettet werden, was die Substratfügung nicht beeinträchtigt. Durch die große Anzahl verschiedener Klebstoffe ist das Verbinden unterschiedlichster, fast beliebiger, Materialsysteme möglich. So können bei dieser Methode auch CMOS-Wafer als Fügepartner verwendet werden. Die zu den anderen Bondverfahren vergleichsweise einfache, robuste und kostengünstige Herstellung einer adhäsiven Fügung ist mit den Nachteilen der begrenzten Temperaturstabilität und der fehlenden hermetischen Versiegelung abzuwägen.

Klassischerweise bedarf es für adhäsives Waferbonden einer Bondkammer, in der sich zwei beheizbare Platten, der sog. bottom und top chuck, befinden (siehe Abbildung 2.14(a)). Auf der unteren Platte liegt das Waferpaar auf. In der Kammer lässt sich eine definierte Umgebungsatmosphäre herstellen und anschließend übt die obere Platte Druck auf den Waferstapel aus. Der Klebstoff lässt sich nun durch die heizbaren Platten härten. Andere Anlagentechnik wie z. B. Membranlaminatoren oder Laminatoren für Leiterplatten wurden auch für adhäsives Bonden eingesetzt, allerdings ist meist die Temperatur auf bis 200 °C beschränkt und eine zu ungenaue Substratausrichtung eignet sich nicht für oft benötigtes hochgenaues Fügen.

Oft ist eine präzise Ausrichtung der beiden Wafer zueinander vonnöten. Um dies

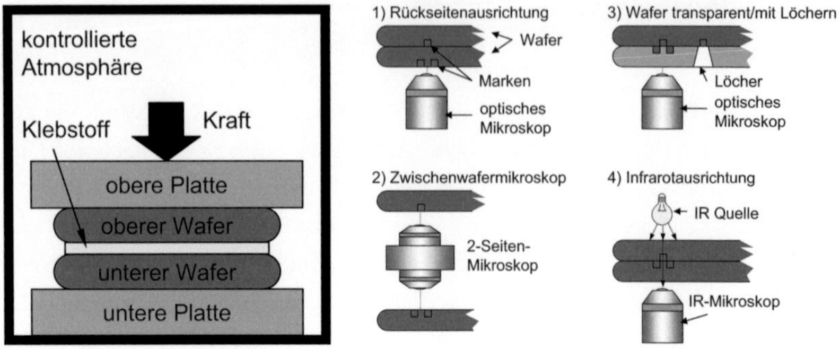

(a) Bondkammer. (b) Positioniervorrichtungen.

Abbildung 2.14 Schema der Anlagentechnik für adhäsives Waferbonden.

zu erreichen, gibt es diverse Justagemöglichkeiten, die zumeist mit optischen Mikroskopen arbeiten. Eine Auswahl stellt Abbildung 2.14(b) dar. Mit diesen Verfahren kann industriell die Positionierung auf etwa 2–3 µm genau erfolgen.

Bondparameter wie Klebstoffart, Wafermaterial, Partikelmenge und -größe, Wafertopografie, Klebstoffdicke, Anpressdruck/-kraft, Klebstoffhärtebedingungen (z. B. Temperatur und -profil) und die Atmosphäre in der Bondkammer (Kammerdruck) haben großen Einfluss auf Bondqualität und Defektdichte. In [NSLG06] ist qualitativ ihr Einfluss dargestellt.

Unstrukturiertes Waferbonden stellt eine Verbindung beider Wafer auf deren gesamter Oberfläche her. Strukturiertes Bonden zielt darauf ab, nur definierte Bereiche miteinander zu verbinden. Die anderen Bereiche sind nach dem Prozess nicht verbunden oder wieder lösbar. Verschiedene Methoden ermöglichen ein strukturiertes Bonden, wobei sich Parametergrenzen und Prozesskontrolle für Klebstoffschichtdicke und Strukturgröße in den einzelnen Methoden stark unterscheiden:

- Selektiver Klebstoffauftrag
  - Sprühen mit Schattenmaske
  - Dispensen
  - Siebdruck
  - Stempeln
  - Lamination eines strukturierten (Stanzen, Wasserstrahlschneiden, Laser) Klebstofffilms

- Klebstoff strukturieren mit Fotolithografie
  - Ätzen des Klebstoffes mit fotolithografisch strukturierter Maske
  - Lift-off-Prozesse
- Lokales Härten des Klebstoffes (in Waferoberfläche integrierte Heizer)

2.2.3 Klebstoffe

Das adhäsive Waferbonden bedient sich dem Kleben als Fügeverfahren [DIN03c] und nutzt als verbindende Zwischenschicht einen Klebstoff. Nach [DIN08] bezeichnet der Klebstoffbegriff einen „nichtmetallischen Stoff, der Werkstoffe durch Oberflächenhaftung (Adhäsion) so verbinden kann, dass die Verbindung eine ausreichende innere Festigkeit (Kohäsion) besitzt“. Das Thema Kleben und Klebstoffe ist umfassend z. B. in [Hab09] dargestellt, wobei auch auf Klebstoffaufbau, Abbindevorgänge, Klebungseigenschaften und Qualitätssicherung ausführlich eingegangen wird. Für das Waferbonden kommen u. a. Epoxide, Fotoresiste, Polyimide und Wachse zur Anwendung [NSLG06].

Eigenschaften und Anforderungsprofil

Klebstoffe sind sehr vielfältig und unterscheiden sich in ihren Eigenschaften teilweise sehr stark. Um einen geeigneten Klebstoff für die eigene Anwendung zu finden, müssen diese Eigenschaften mit dem Anforderungsprofil in Übereinstimmung gebracht werden. Dabei sind Anwendungs-, aber auch Verarbeitungsmerkmale in den Blick zu nehmen. Im Folgenden sind die wichtigsten Eigenschaften beschrieben.

Viskosität. Die (dynamische) Viskosität η ist die „Eigenschaft eines Stoffes, unter Einwirkung einer Spannung zu fließen [...] und irreversibel deformiert zu werden“ [DIN03a]. Dabei beschreibt das Fließgesetz mit der Schergeschwindigkeit $\dot{\gamma}$ und der Schubspannung τ den Zusammenhang

$$\tau = \eta \cdot \dot{\gamma}. \tag{2.9}$$

Unterschieden wird in NEWTONsche und Nicht-NEWTONsche Flüssigkeiten, wobei Klebstoffe im Allgemeinen dem Letzteren zuzuordnen sind [Sch00]. Die Abbildung 2.15 zeigt qualitativ die Fließ- und Viskositätskurven beider Stofftypen im Vergleich.

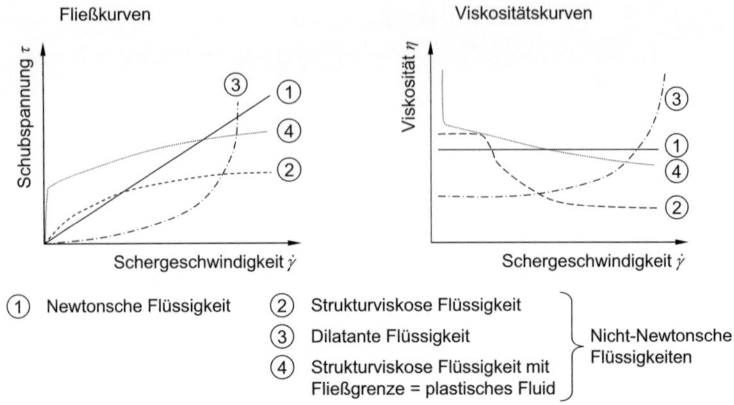

Abbildung 2.15 Viskositätsverhalten verschiedener Fluide nach [Sch00].

Quantitative Beschreibungen zwischen Schubspannung τ und Schergeschwindigkeit $\dot{\gamma}$ sind z. B. in [DIN03b] zu finden. Die kinematische Viskosität ν ist das Verhältnis aus (dynamischer) Viskosität η zur Stoffdichte ρ

$$\nu = \frac{\eta}{\rho}. \tag{2.10}$$

Die Viskosität von Klebstoffen hat Auswirkungen auf ihre Benetzungsfähigkeit von Fügeteiloberflächen und deren Verarbeitung. Ist der Klebstoff sehr zäh (viskos), fließt er nicht in alle Poren einer rauen Oberfläche, was weniger Kontaktfläche und damit eine geringere Haftkraft nach sich zieht. Die Verarbeitungsmethode des Klebstoffes, also dessen Auftrag auf Oberflächen, erfordert unterschiedliche Viskositäten. So ist z. B. beim Siebdruck oft eine thixotrope[13] Eigenschaft erforderlich, um ein Verlaufen der gedruckten Strukturen zu verhindern.

Oberflächenenergie und Benetzungswinkel. Flüssigkeitsmoleküle an der Oberfläche besitzen eine größere potentielle Energie als die inneren Moleküle. Die Oberflächenenergie ist notwendig, um die Oberfläche der Flüssigkeit zu vergrößern, also um innere Moleküle auf ein höher-energetisches Niveau zu bringen. Es gibt Stoffe mit hoher und niedriger Oberflächenenergie. Für die Verwendung von

[13] Thixotropie: zeitabhängiges Fließverhalten, bei dem die Viskosität infolge andauernder mechanischer Beanspruchung vom Wert im Ruhezustand her gegen einen Endwert hin abnimmt und nach Aufhören der Beanspruchung wieder zunimmt [DIN03a].

Tabelle 2.7 Oberflächenenergien ausgewählter fester und flüssiger Materialien [Hab09].

Material	Oberflächenenergie [mJ/m^2 = mN/m]
Polytetrafluorethylen (PTFE)	18,5
Polymethylmethacrylat (PMMA)	33–44
Polyamid 6.6	46
Epoxidharz	47
Wasser	72,8
Aluminium	1200
Chrom	2400
Silber	1250
Titan	2050
Gläser	300–500

Klebstoffen auf Materialoberflächen wird eine kritische Grenze der Materialoberflächenenergie von etwa 100 mJ/m^2 angenommen [Hab09]. In Tabelle 2.7 sind einige Oberflächenenergien von Materialien aufgelistet. Allerdings gelten diese Werte für Metalle auf hochreinen Oberflächen (Bruch im Hochvakuum). Technisch relevant sind geringere Werte aufgrund von Oberflächenschichten, z. B. adsorbiertes Wasser, die mit eigener experimenteller Bestimmung ermittelt werden müssen.

Bringt man eine Flüssigkeit, z. B. Klebstoff, in Kontakt zu einem Festkörper, so beschreibt die DUPRÉ-Gleichung den Energiegewinn als Adhäsionsarbeit W_A durch die Oberflächenreduzierung von Flüssigkeit und Festkörper und den Energieverlust durch die neu gebildete Kontaktfläche zwischen Flüssigkeit und Feststoff mit

$$W_\mathrm{A} = \sigma_\mathrm{lg} + \sigma_\mathrm{sg} - \gamma_\mathrm{sl}. \tag{2.11}$$

Dabei sind σ_fg und σ_sg die Oberflächenspannungen der Flüssigkeit (liquid) und des Festkörpers (solid) gegenüber einer Gasatmosphäre (gas) und γ_sl die Grenzflächenspannung zwischen Flüssigkeit und Festkörper. Es entsteht ein Gleichgewicht, bei dem sich ein sog. Benetzungswinkel α bildet (siehe Abbildung 2.16). Die YOUNGSCHE Gleichung

$$\sigma_\mathrm{sg} - \gamma_\mathrm{sl} = \sigma_\mathrm{lg} \cdot \cos(\alpha) \tag{2.12}$$

beschreibt dieses Gleichgewicht im 3-Phasen-Punkt A.

Ein Benetzungswinkel von $< 30°$ zeigt optimale bis ausreichende Benetzungsverhältnisse an, wobei die Adhäsionsarbeit gegenüber der Kohäsionsarbeit groß ist. Der Benetzungswinkel beschreibt ausschließlich Benetzungsverhältnisse, nicht aber die Stärke der Bindungskräfte an einer fertig geklebten Grenzschicht. Festigkeitswerte

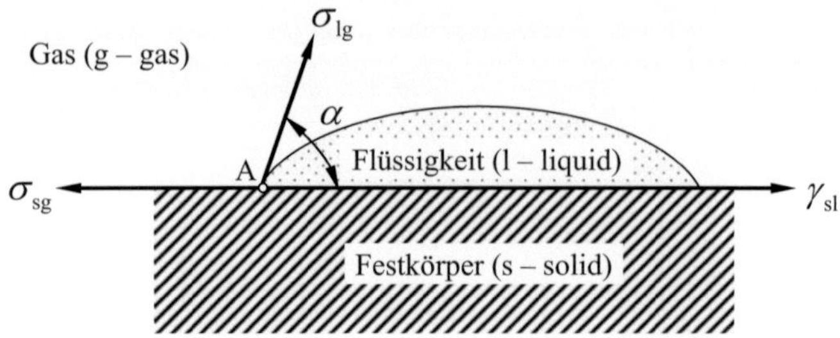

Abbildung 2.16 Benetzungswinkel beim Kontakt einer Flüssigkeit mit einer Festkörperoberfläche im 3-Phasen-Punkt A.

beruhen auf empirischen Daten. Die Berechnung der Grenzschichtfestigkeit aus grenzflächenenergetischen Größen ist bisher nicht gelungen [Hab09].

Um die Klebfestigkeit und Langzeitstabilität von Klebungen zu verbessern, kommen Oberflächenvorbehandlungen zum Einsatz [Ebn06], die auf mechanischen, chemischen, elektrochemischen und physikalischen Methoden beruhen. Zur Letzteren gehören verschiedene Plasmavorbehandlungsmethoden, bei denen ein ganz- oder teilweise ionisiertes Gas zur chemischen Veränderung einer Oberfläche eingesetzt wird. Treffen Plasmateilchen auf die Atome oder Moleküle der Oberfläche, kommt es zu dessen Aktivierung mit einer höheren Reaktivität.

Abbinden. Abbildung 2.17 zeigt die Einteilung der Klebstoffe nach ihrem Abbinde- oder Härtemechanismus. Chemisch reagierende Systeme bestehen aus reaktionsbereiten Monomer- bzw. Prepolymermolekülen, die unter bestimmten Zeit-, Temperatur- und Druckbedingungen in der Klebefuge zum Polymer reagieren. Physikalisch abbindende Systeme bestehen aus dem fertigen Polymer, welches ohne chemische Reaktion durch Lösungsmittel, erhöhte Temperaturen oder Druck Adhäsionskräfte zu den Fügeteiloberflächen ausbildet. Reaktive Schmelzklebstoffe kombinieren die beiden zuvor genannten Abbindemechanismen, indem sie im erwärmten Zustand aufgetragen werden, nach Abkühlung handhabbar sind und anschließend chemisch reagierend vollständig aushärten.

Für strahlungshärtende Klebstoffe kommen Ultraviolett- oder Elektronenstrahler zum Einsatz, deren Energiedichte (596 kJ/mol bei 200 nm Wellenlänge) die C=C-Doppelbindungen (Bindungsenergie 607 kJ/mol) direkt oder indirekt aktivieren können [Hab09]. Es wird die Härtung durch Radikale, wozu Acrylate bzw. deren

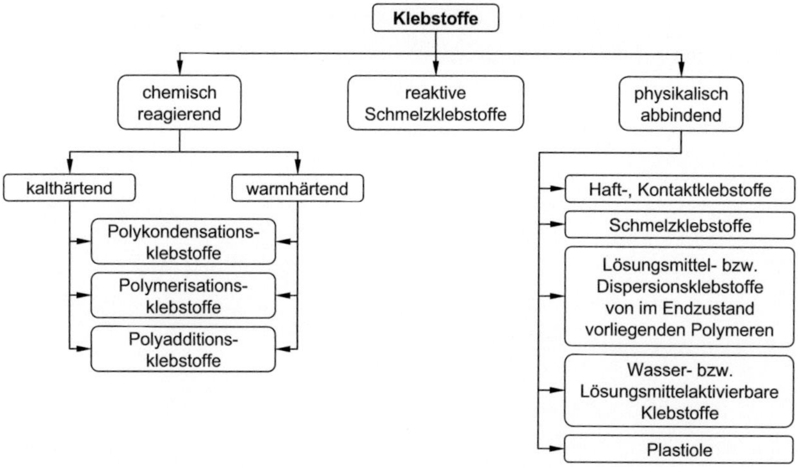

Abbildung 2.17 Klebstoffeinteilung nach ihrem Abbindemechanismus nach [Hab09].

Modifikationen eingesetzt werden, und die kationische Härtung, wozu Epoxide und Abwandlungen zählen, unterschieden. Bei Ersterem zerfallen die eingesetzten Fotoinitiatoren durch die Energieabsorption der Strahlung in Radikale, die die Polymerisationsreaktion der Monomere nach Aktivierung der C=C-Doppelbindungen starten. Die Fotoinitiatoren bei der kationischen Härtung setzen durch die absorbierte Strahlungsenergie Stoffe frei, die die Polyaddition der Monomere starten. Das Emissionswellenlängenspektrum eines UV-Strahlers muss auf das Absorptionsspektrum des verwendeten Fotoinitiatorsystems abgestimmt sein, also starke Emission im Absorptionsbereich ausweisen.

Bei der Klebstoffwahl sollte die Belastbarkeit der Fügepartner durch die Härtungsbedingungen berücksichtigt werden. Für Polymerfolien ist eine Temperaturhärtung über 200 °C nicht angemessen, da sie die Folie zerstört. Die Strahlungshärtung stellt für temperaturbeschränkte Fügeteile eine gute und vor allem schnelle Alternative dar.

Transparenz. Zu den wichtigsten Eigenschaften für optische Verbindungstechnik zählt vor allem die Transparenz der durchstrahlten Materialien. Für diese Arbeit ist die Verklebung eine durchstrahlte Schicht, die wesentlichen Einfluss auf das transmittierte Spektrum hat. Da es fast immer um eine hohe Ausgangshelligkeit des Bauelementes geht, müssen alle durchstrahlten Schichten eine möglichst hohe Transmission für den relevanten Spektralbereich besitzen. Eine Veränderung der Transmission mit zunehmender Alterung, z. B. Vergilbung, hat Auswirkungen auf die optischen Eigenschaften des Bauelementes und dessen Stabilität.

Permeation. Wie bereits in Abschnitt 2.1.6 beschrieben, ist eine dauerhafte und hohe Barrierewirkung der Klebung gegen Sauerstoff und Wasser notwendig, um die hier betrachteten organischen Leuchtdioden zu schützen.

Langzeitstabilität/Alterung. Die Langzeitstabilität der Klebungseigenschaften muss auch unter bestimmten Umwelteinflüssen des Bauelementes sichergestellt sein. Zum Beispiel spielt der Wärmeausdehnungskoeffizient α (CTE – coefficient of thermal expansion) des Klebstoffes bei Temperaturwechselbeanspruchung eine große Rolle, wenn er sich stark von jeweils dem der Fügepartner unterscheidet (siehe auch Tabelle 3.1, S. 44). Epoxidharze weisen geringe Wärmeausdehnungskoeffizienten auf ($60 \cdot 10^{-6}\,\mathrm{K}^{-1}$), hingegen sind Polyurethane (110–$210 \cdot 10^{-6}\,\mathrm{K}^{-1}$) und Polyamide ($90$–$100 \cdot 10^{-6}\,\mathrm{K}^{-1}$) durch hohe gekennzeichnet [Hab09]. Dementsprechend ist für die Verbindung von Silizium und Glas, beide besitzen einen CTE um $3{,}6 \cdot 10^{-6}\,\mathrm{K}^{-1}$ ein niedriger CTE für den Klebstoff erforderlich, um hohe Spannungen und damit das Defektrisiko in der Klebung zu vermeiden.

Zu den Beanspruchungsarten durch Umgebungseinflüsse zählen Temperatur, Strahlung und Klima. Das Eindringen von Feuchtigkeit in die Klebefuge ist dabei stärkster Schädigungsmechanismus, bei dem die kleinen Wassermoleküle mit hohem Dipolmoment in die Klebstoffschicht eindringen und sogar Adsorptionspartner ersetzen. Dieses Eindringen geschieht durch Diffusion (Konzentrationsausgleich) und Migration (Wanderung) über Kapillarkräfte an Spalten, Rissen und Poren. Die Einflüsse auf die Grenzschicht (sog. bond line corrosion) und die Klebschicht lassen sich reduzieren durch [Hab09]

- Phosphat-, Oxid- oder Haftvermittlerschichten,
- den Einsatz reaktiver statt physikalisch vernetzender Klebstoffe,
- diffusionsmindernde Füllstoffe,
- Oberflächenvorbehandlung oder
- die Versiegelung der Klebfugenkanten.

Klebstoffauswahl für das Waferbonden

Sinnvolle Klebstofftypen sind vor allem spezielle Epoxidharze, da hier keine flüchtigen Bestandteile enthalten sind [DIN08], die die OLED-Schichten beschädigen können. Kommerziell bieten u. a. die Hersteller Huntsman Advanced Materials GmbH (Araldite Adhesives), ThreeBond GmbH, DYMAX Europe GmbH, Electro-Lite Corp., Nagase ChemteX Corp., DELO Industrial Adhesives, Addison Clear Wave Coatings Inc., Mitsui Chemicals Inc., Adhesive Research Inc. und Star Technology Inc. Klebstoffe an, die für die OLED-Verkapselung interessant sind. Von den genannten Herstellern wurden einige Klebstoffmuster für die direkte OLED-Verkapselung angefragt und für die Versuche verwendet (siehe Tabelle 4.2, S. 61).

3 Zielstellung

In diesem Kapitel werden die Ziele der Untersuchung dargelegt und der Aufbau der Arbeit vorgestellt. Das angestrebte Ergebnis, das in einem verkapselten OLED-Mikrodiplay besteht, wird vorgestellt und in seinem Aufbau beschrieben.

3.1 Arbeitspunkte

Aus der in der Einleitung beschriebenen Zielstellung der Untersuchung ergeben sich die folgenden Arbeitsschritte, deren Reihenfolge der Aufbau dieser Arbeit entspricht. Die im Folgenden aufgeführten Punkte sind jeweils durch einen Verweis auf den entsprechenden Abschnitt in der vorliegenden Arbeit ergänzt.

1. **Vorüberlegungen.** Bestimmte Randbedingungen und Einschränkungen für die Technologieentwicklung sind hier zu erörtern. Die generelle Umsetzbarkeit steht hier im Vordergrund, die eine Machbarkeitsstudie zur direkten Einzelchipverkapselung evaluieren soll.
   ➩ ABSCHNITT 4
2. **Spezifikation.** Für die Bauelementeverkapselung ist eine Spezifikation zu erarbeiten. Dabei sollen die Randbedingungen und Voraussetzungen berücksichtigt und Anlagenparameter festgelegt werden.
   ➩ ABSCHNITT 5.1
3. **Anlagenauswahl und -beschaffung.** Eine Recherche nach einer geeigneten Anlage zur Umsetzung der spezifizierten Technologie ist durchzuführen. Die gefundenen Umsetzungsmöglichkeiten sind zu bewerten und die optimale Variante auszuwählen. Im Rahmen eines Investitionsprojektes ist die ausgewählte Anlage zu beschaffen und in Betrieb zu nehmen. Das Anlagenkonzept ist hinsichtlich der Prozessparameter zu evaluieren.
   ➩ ABSCHNITT 5.2 UND 5.3

4. **Prozessfluss.** Ein detaillierter Prozessfluss ist unter Berücksichtigung der zur Verfügung stehenden Anlagen zu erarbeiten.
   ⇨ ABSCHNITT 6.1
5. **Prozessentwicklung.** Der Prozessfluss ist hinsichtlich seiner Umsetzbarkeit zu überprüfen und anzuwenden. Dabei stehen die Charakterisierung von Teilschritten und die Erschließung neuer Prozessfenster im Vordergrund.
   ⇨ ABSCHNITT 6.2
6. **Technologieanwendung.** Die entwickelte Technologie ist für die Verkapselung von Bauelementen einzusetzen und das Ergebnis zu charakterisieren.
   ⇨ ABSCHNITT 7
7. **Zusammenfassung.** Die Schwerpunkte dieser Entwicklungsarbeit zur Erarbeitung und Evaluierung einer Verkapselungstechnologie sind zusammenfassend darzulegen. Die Potentiale, aber auch Limitierungen dieses Technologieansatzes sind aufzuzeigen und Verbesserungsmöglichkeiten vorzuschlagen.
   ⇨ ABSCHNITT 8

3.2 OLED-Bauelement mit direkter Verkapselung

Bezogen auf die Grundlagen zu nano-optischen Bauelementen auf Basis organischer Halbleiter soll nun für die Entwicklung der Verkapselungstechnologie der Aufbau eines typischen Bauelementes erläutert werden, woraus sich dann Teile der Spezifikation für Anlagen und Prozesse ableiten. Diese Spezifikationen stellt dann das folgende Kapitel 5 dar.

Die Abbildung 3.1 zeigt den Querschnitt durch ein OLED-auf-CMOS-Bauelement. Dargestellt ist der prinzipielle Schichtaufbau, wie er nach dem gesamten Fertigungsprozess vorliegen soll. Nicht nur für die Entwicklung der Verkapselungstechnologie ist es von Interesse, dass dieser Schichtaufbau bekannt ist, sondern auch für Zuverlässigkeitsbetrachtungen und Simulation z. B. des optischen Bauelementeverhaltens.

In Tabelle 3.1 sind die Schichten des gezeigten Querschnitts mit einem typischen Materialvertreter und dessen wichtigsten Eigenschaften zusammengestellt. Dabei geht es vor allem um die Darstellung der Materialien mit deren Schichtdicken und

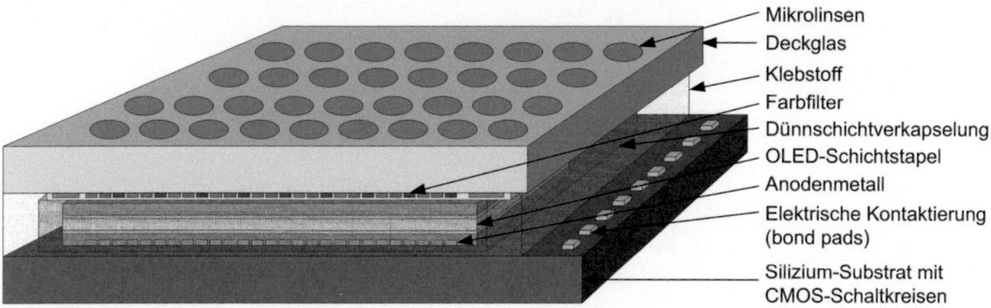

Abbildung 3.1 Schematischer Querschnitt eines OLED-auf-CMOS-Mikrodisplay Bauelementes mit Direktverkapselung.

optischen Eigenschaften wie Brechungsindex und Transmission.

Tabelle 3.1 Schichtaufbau und -eigenschaften eines OLED-auf-CMOS-Bauelementes mit direkter Verkapselung.

Schicht	typisches Material	Dicke [µm]	Brechungsindex n_g bei 436 nm	Transmission bei 436 nm	CTE bei 23 °C [10^{-6} K^{-1}]	Glasübergangstemperatur T_g [°C]	Ref.
Mikrolinsen	Ormocer	10–100	1,64				[HW99, DDSB04]
Deckglas	Corning Eagle2000™	700	1,52	0,92	3,18	985	[a], [Cor05]
Chrom	Chrom				6,2		[Hab09]
Farbfilter RGB	Absorptionsfilter	1,2	1,57 1,61 1,67	0,03 0,04 0,77			[a]
Planarisierung	Polyamid	0,9	1,55	0,85	90–100		[a], [Hab09]
Klebstoff	Epoxid	5	1,55	0,91	18–21	135	[a], [Hab09]
Dünnschichtverkapselung	SiO_xN_y	< 0,2	1,86	0,82			[a]
OLED - Auskopplung		< 0,1	0,8				
OLED - Kathode	Silber	0,015	0,27	0,24			
OLED - ETL OLED - HBL OLED - EL OLED - EBL OLED - HTL		< 0,1 < 0,1 < 0,1 < 0,1 0,25	~1,7 (HBL, EL, EBL)				[MLL09]
OLED - Anode	Aluminium	0,01	0,58	0,11	23,5		[a]
Silizium-Substrat mit CMOS	p-dotierter Si-Wafer mit CMOS	725	3,49	0	2,5–4,3	-	[GP01, MG09]

[a]Eigene Messung.

4 Vorüberlegungen und -versuche

Ausgehend von Grundlagen zur organischen Leuchtdiode werden in diesem Kapitel Vorüberlegungen zur grundsätzlichen Verwendung des adhäsiven Waferbondens als OLED-auf-CMOS-Verkapselungstechnologie beschrieben. Dabei wird auf die Bestrahlung der OLED mit ultraviolettem Licht, den Einfluss des direkten Kontaktes von Klebstoff zum OLED-Stapel und auf verschiedene Technologien für adhäsives Bonden auf Waferlevel eingegangen. Das Konzept für die Prozesse der Verkapselungstechnologie wird aufgestellt und erläutert.

4.1 Schädigung der OLED durch UV-Strahlung

4.1.1 Motivation

Eine Schädigung der OLED kann z. B. zu geringeren Effizienzen oder kürzeren Lebensdauern führen, was in den meisten Fällen ungewollt ist und vermieden werden soll. Es gibt verschiedene Einflüsse, die eine Schädigung auslösen oder begünstigen. Ein möglicher Einfluss ist elektromagnetische Strahlung, speziell im ultravioletten Spektralbereich. Diese auf die OLED wirkende Strahlung kann unterschiedliche Ursachen haben. Zum einen kann UV-Strahlung bei Plasmaprozessen entstehen, die in der OLED-Herstellung Anwendung finden. Weiterhin ist für die OLED-Verkapselung die Verwendung von UV-härtenden Klebstoffsystemen derzeit nicht wegzudenken, da es aktueller Stand der Technik ist (siehe Abschnitt 2.1.6 und 2.2.3). Schlussendlich ist ein Gerät, welches OLED z. B. als Anzeige verwendet, oft auch dem nativen Sonnenlicht ausgesetzt, welches ebenfalls einen nicht zu unterschätzenden Anteil im ultravioletten Bereich aufweist (siehe Abbildung 4.1). Nicht ohne Grund gibt es UV-Schutzcremes und -kleidung oder andere UV-Filter, aber auch UV-Beständigkeit als wichtiges Merkmal in vielen Produktbereichen.

Für die Verkapselung von organischen Leuchtdioden werden Klebstoffe eingesetzt,

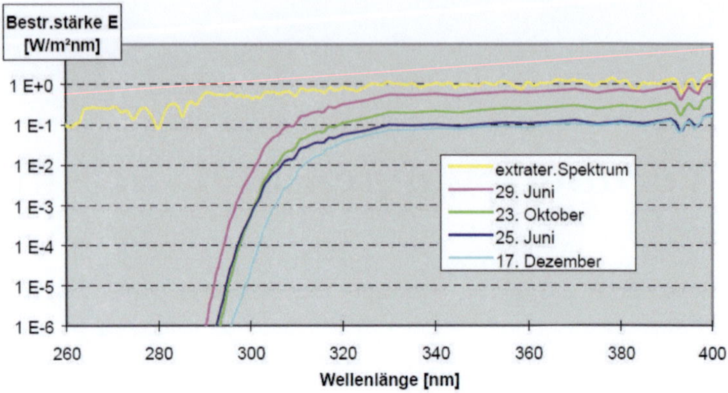

Abbildung 4.1 Spektrale Bestrahlungsstärke der Sonnenstrahlung extraterrestrisch (Luftmasse AM 0) und in Bodennähe (Luftmasse AM 1,5), zu verschiedenen Jahreszeiten jeweils um 12:00 Uhr MEZ in Neuherberg gemessen [Ste00].

die mit unterschiedlichen Mechanismen härten. Das Verwenden von elektromagnetischer Strahlung, speziell im visuellen oder ultravioletten Spektralbereich, zum Härten des Klebstoffes bietet viele Vorteile gegenüber anderer Abbindemechanismen wie z. B. Temperatur oder Feuchtigkeit. So ist vor allem das Prozessieren bei Raumtemperatur entscheidend für die Anwendung im Bereich der OLED Verkapselung, da eine hohe Temperatur eine Schädigung der organischen Materialien nach sich zieht (siehe Abschnitt 2.1.6).

Für das Abbinden der UV-härtenden Klebstoffe ist die zugeführte Strahlungsdosis D von entscheidender Bedeutung. Sie ergibt sich aus der Strahlungsintensität I und der Einwirkungszeit t aus der Beziehung

$$D = I \cdot t. \tag{4.1}$$

Vergleicht man nun die Intensität und die Dosis, die typischerweise für Verkapselungsklebstoffe eingesetzt werden, mit denen der solaren Strahlung an der Erdoberfläche, stellt man fest, dass etwa eine Größenordnung dazwischen liegt (siehe Tabelle 4.1). Im Folgenden wird daher die Bestrahlung während des Verkapselungsvorganges als der entscheidendere Faktor für eine Schädigung weiter betrachtet.

Für eine Verwendung UV-härtender Klebstoffe für eine vollflächige Verklebung von Glas mit top-emittierenden OLED-Systemen ist eine UV-Bestrahlung des

Tabelle 4.1 Intensität und Dosis der solaren UV-Strahlung in Bodennähe und typischen Werten bei der Härtung von UV-Verkapselungsklebstoffen.

	solare Strahlung	typische Klebstoffhärtung
Intensität I [mW/cm^2]	5,5[a]	40
Dosis D [J/cm^2]	0,4[b]	6[c]

[a]Tageshöchstintensität für den gesamten UV-Bereich 290–400 nm (Neuherberg, 29.06.1995) [Ste00]
[b]Tagesdurchschnittsdosis der terrestrischen solaren UV-Strahlung (Juni 2000) [Ste00]
[c]entspricht einer Bestrahlungsdauer von 2,5 Minuten [Nag08]

Bauelementes (nahezu) unausweichlich, wobei auch der empfindliche organische Schichtstapel bestrahlt wird. Deshalb ist es wichtig zu wissen, welcher Strahlungsintensität und -dosis eine OLED ausgesetzt werden darf, ohne die Charakteristik negativ zu verändern oder das Bauelement sogar zu zerstören.

Kobrin et al. berichtete von einer Schädigung von small molecule OLEDs (Aufbau: Glas/ITO/NPB/Emitterschicht/Alq_3/LiF/Al/Ag) durch UV-Bestrahlung, wobei die Bauelemente mit einem Glasdeckel und UV-gehärtetem Epoxidharzklebstoff und einer zusätzlichen Temperung mit einer Heizplatte bei 90 °C verkapselt waren [KFG04]. Das Ergebnis zeigte eine Abnahme der Leuchtdichte auf ca. 50 % des Ausgangswertes nach der Bestrahlung mit einer UV-Lampe bei 365 nm für 60 min und 5 W/cm^2.

Des Weiteren haben Untersuchungen von Wang et al. gezeigt, dass Fotodegradation durch UV-Strahlung auch in sauerstoff- und feuchtefreier Umgebung auftritt [WGZ+08]. Eine UV-Lampe bei 365 nm und 0,2 W/cm^2 bestrahlte die verwendeten unverkapselten OLEDs (Aufbau: Al/LiF (0,7 nm)/Alq_3 (100 nm)/NPB (50 nm)/ITO) von der ITO-Seite, wobei die Proben in Stickstoffumgebung bestrahlt und vermessen wurden. Es zeigten sich eine verringerte Fluoreszenz-Quanten-Effizienz und Löcherströme.

Die Notwendigkeit der Bestrahlung und damit Härtung des Klebstoffes ist bei der Flächenverkapselung prinzipbedingt, wohingegen bei der Randverkapselung der Klebstoff um die OLED-Fläche einer Härtung bedarf. Hier können entweder Punktstrahlungsquellen (z. B. LED-Strahler) oder Schattenmasken eine Bestrahlung der aktiven Fläche vermeiden.

Eine Untersuchung der für diese Arbeit zu nutzenden OLEDs ist aus den oben

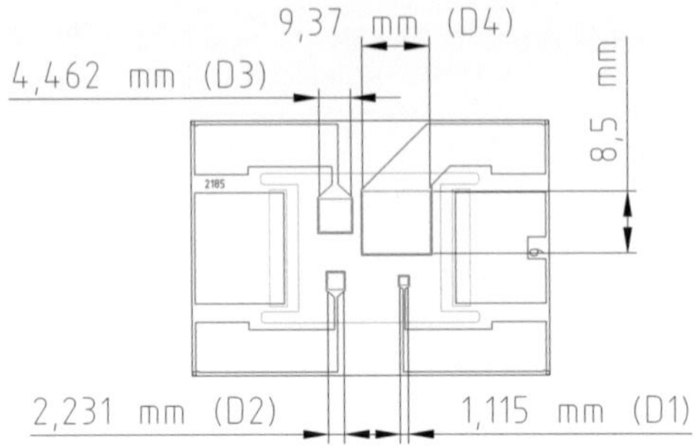

Abbildung 4.2 Probenlayout mit 4 emittierenden Flächen (D1 bis D4) auf einem $35 \times 50\,\mathrm{mm}^2$ Glassubstrat. Sicht auf das Glassubstrat (Deckglas dahinterliegend und nicht sichtbar).

genannten Gründen von großem Interesse, zumal sich der hier verwendete Schichtstapel von den in der Literatur dargestellten deutlich unterscheidet. Speziell ist die Wirkung durch den Verkapselungsprozess inklusive der UV-Klebstoffhärtung zu untersuchen, was im Folgenden dargestellt ist.

4.1.2 Versuchsaufbau

Für diesen Versuch wurden am Fraunhofer IPMS transparente orangefarbene *p-i-n* OLEDs mit der Verdampfungsanlage Sunicell 200 (Firma Sunic System, siehe Abschnitt 9.2.10) hergestellt. Jede Probe bestand aus 4 leuchtenden Dioden mit den Flächen $A_{\mathrm{D1}} = 1{,}24\,\mathrm{mm}^2$, $A_{\mathrm{D2}} = 4{,}98\,\mathrm{mm}^2$, $A_{\mathrm{D3}} = 19{,}91\,\mathrm{mm}^2$, $A_{\mathrm{D4}} = 79{,}65\,\mathrm{mm}^2$, wobei jeweils nur die größten 3 Dioden untersucht wurden. Das Layout ist in Abbildung 4.2 dargestellt.

Der Schichtstapel ist wie folgt aufgebaut:

Schicht	Material
Verkapselung	Glas
Kathode	Ag
ETL	*p-i-n* orange
HBL	Schichtstapel aus
EL	Materialien der
EBL	
HTL	Firma Novaled
Anode	ITO
Substrat	Glas

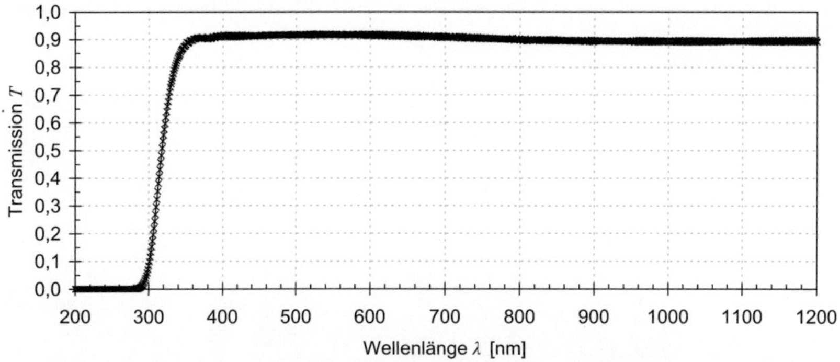

Abbildung 4.3 Transmission des Verkapselungsdeckglases (Typ Kalknatron-Floatglas, Hersteller Nippon Sheet Glass Co.) im Bereich der UV-Strahlung. Diese Messdaten ermittelte das UV-VIS-NIR Spektrophotometer SolidSpec-3700DUV der Firma Shimadzu (siehe Abschnitt 9.2.5).

Das Verkapselungsdeckglas ist ein 1,1 mm dickes Kalknatron-Floatglas mit einer Kavität von 0,5 mm Tiefe. Dieses Deckglas bildet zusammen mit einem Klebstoffentwicklungsmuster für Randverkapselung der Firma Nagase und einem Trockenmittel von Optrex in der Kavität die Verkapselung. Die Transmission dieses Deckglases im Bereich der UV-Strahlung ist in Abbildung 4.3 dargestellt.

Der Aufbau des Versuches besteht aus einer UV-Lampe der Firma Panacol-Elosol Typ UV-F 450, einem Probenhalter, den Proben und dem Temperaturmessgerät Super M.O.L.E. Gold der Firma ECD. Abbildung 4.4 zeigt das Emissionsspektrum des UV-Strahlers. Bestrahlt wird eine quadratische Fläche mit etwa 20 cm Kantenlänge, wobei die mittlere Intensität bei $40\,\mathrm{mW/cm^2}$ liegt. Der gesamte Aufbau steht in einer mit trockenem Stickstoff gefüllten Handschuhbox (glove box).

Die 5 hergestellten Proben wurden nun jeweils einzeln mit unterschiedlicher Dauer unter den UV-Strahler gelegt:

Proben-Nr.	Bestrahlungsdauer [min]
V8347H9_19	0
V8347H9_11	2,25
V8347H9_12	4,50
V8347H9_14	6,75
V8347H9_18	9,00

Zusätzlich sollte der Temperatureintrag in die Proben bestimmt werden, um eine Schädigung der OLED durch überhöhte Temperatur ausschließen zu können. Dazu

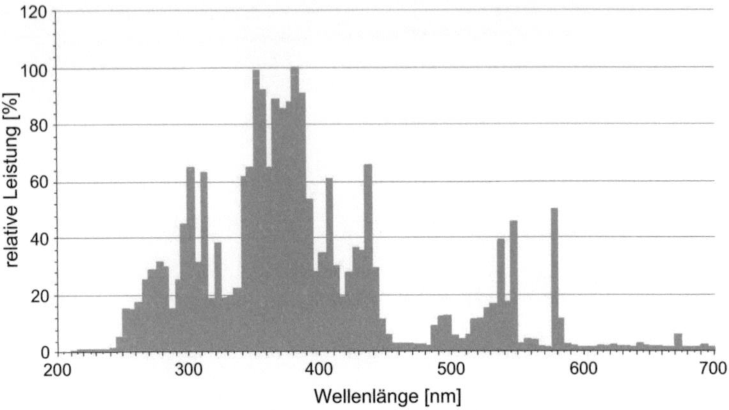

Abbildung 4.4 Spektrale Emission des UV-Flächenstrahlers UV-F 450 Typ FZ der Firma Panacol-Elosol GmbH, der für die Bestrahlung der OLED Proben zur Anwendung kam. Eine blaue Filterscheibe vor dem Strahler beschränkte das Spektrum auf Wellenlängen von 320–450 nm [Pan02].

wurden drei Temperaturfühler mit Silberleitlack auf das nach oben weisende Deckglas einer Probe aufgelegt und mit Kapton®-Klebeband[14] am Probenrand fixiert. Ein weiterer Sensor wurde ebenfalls mit Kapton®-Klebeband fixiert, allerdings in gewissem Abstand von der Probe. Er sollte die Lufttemperatur der unmittelbaren Umgebung erfassen. Die jeweilige Probe lag auf einem Glasträger, welcher in etwa 10 cm Abstand unter den UV-Flächenstrahler gelegt wurde. Um einen Hitzestau im Raum zwischen Lampe und Probe zu vermeiden, wurden Ventilatoren eingesetzt. Die Bestrahlung erfolgte von oben auf die jeweilige Probe.

Die 5 Proben erhielten nacheinander ihre vorgegebene Bestrahlung, wobei die Probe ohne Bestrahlung als Referenz alle anderen Ereignisse der Handhabung wie die restlichen Proben erfahren hat (Schleusvorgänge etc.).

Vor und nach der Bestrahlung erfolgte jeweils eine Leuchtdichte-Stromstärke-Spannungs-Charakterisierung (L-I-U) der Proben mit einem Messgerät der Firma Autronic-Melchers GmbH (siehe Abschnitt 9.2.6). Hierbei stellt das Gerät die vorgegebenen Spannungswerte ein und misst die elektrische Stromstärke und die Leuchtdichte unter einem Winkel von 0° (senkrecht zur Probenfläche). Aus den Strömen und den gegebenen leuchtenden Flächen berechnet sich die Stromdichte.

[14]Kapton®-Klebeband: Polyimidfolie der Firma DuPont, hitzebeständig auf Dauer bis 230 °C, geringes Ausgasen, strahlungsbeständig, isolierend

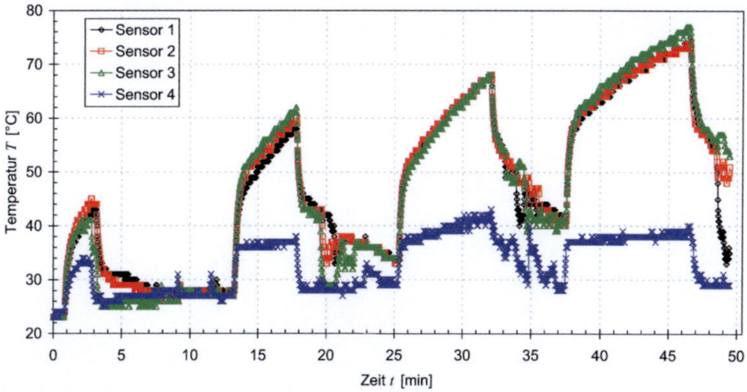

Abbildung 4.5 Temperaturverlauf der vier Sensoren auf den OLED-Proben bei der UV-Bestrahlung.

Der Bestrahlung mit UV-Licht folgte ein Lebensdauertest bei Betrieb der OLEDs. Dazu wurde ein Gerät der Firma Botest Systems GmbH verwendet, welches die Dioden jeweils mit einer konstanten Stromdichte von $30\,\mathrm{mA/cm^2}$ trieb und die Spannung und die relative (normierte) Leuchtdichte aufzeichnete. Diese Tests wurden bei Raumtemperatur und Umgebungsluftfeuchtigkeit im Labor durchgeführt.

4.1.3 Messung

In Abbildung 4.5 ist der aufgezeichnete Verlauf der vier Temperatursensoren dargestellt. Die Temperatur der Umgebung liegt während der Bestrahlung bei etwa 38 °C (Sensor 4). Die Temperatur der Substrate steigt gleich zu Beginn der Bestrahlung um 10–20 K an, um währenddessen um weitere 15–20 K zu wachsen. Die Probe mit der längsten Belichtungsdauer hat damit auch den größten Temperatureintrag erfahren. Damit zeigt sich, dass die Proben durch die Bestrahlung nicht nur von ultravioletter Strahlung, sondern auch von Wärme erreicht werden. Die maximalen Temperaturen aus diesen Versuchen liegen zwar unter 80 °C, trotzdem ist eine thermische Schädigung der OLED nicht auszuschließen.

Bei allen Proben wurden jeweils vor und nach der Bestrahlung mit UV-Licht die Leuchtdichte und Stromdichte gemessen. Die Daten sind exemplarisch für jeweils die größte Diode D4 in Abbildung 4.6 dargestellt. Betrachtet man die Stromdichte, so ist zu erkennen, dass durch längere Bestrahlung die Stromdichten im Betrieb

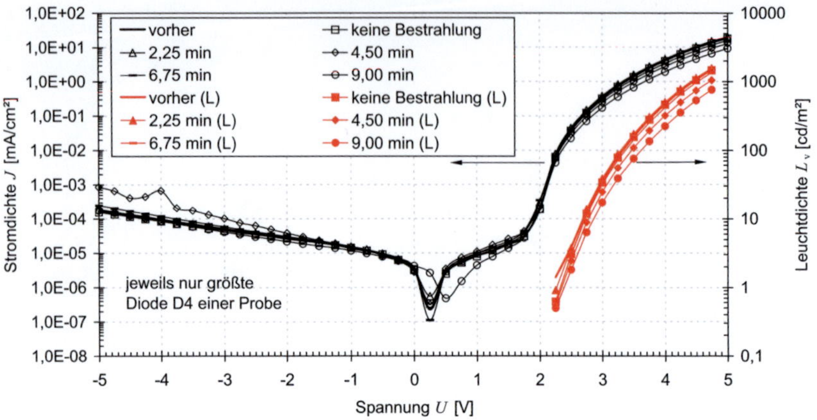

Abbildung 4.6 Messung von Stromdichte (schwarze Graphen) und Leuchtdichte (rote Graphen) der Proben vor und nach der Bestrahlung mit ultraviolettem Licht bei unterschiedlicher Bestrahlungsdauer.

geringer werden. Dies stellt die Abbildung 4.7(a) genauer dar. Mit längerer Wirkung der Strahlung sinkt auch die Leuchtdichte der OLEDs bei gleicher Spannung (siehe Abbildung 4.7(b)).

Wenn von einer erforderlichen Dosis von $6\,\mathrm{J/cm^2}$ für das Abbinden des Verkapselungsklebstoffes ausgegangen wird, entspricht das bei der verwendeten UV-Quelle mit $40\,\mathrm{mW/cm^2}$ einer Zeitdauer von 2,25 Minuten. Durch diese Bestrahlungsdauer ist eine Verringerung der Stromdichte und Leuchtdichte um ca. 20 %, abzüglich 10 % Verlust bei mitgelaufenen Proben ohne Bestrahlung (grundsätzliche Verschlechterung aller Proben nicht aufgrund der UV-Strahlung), zu beobachten (Abbildung 4.7(c)).

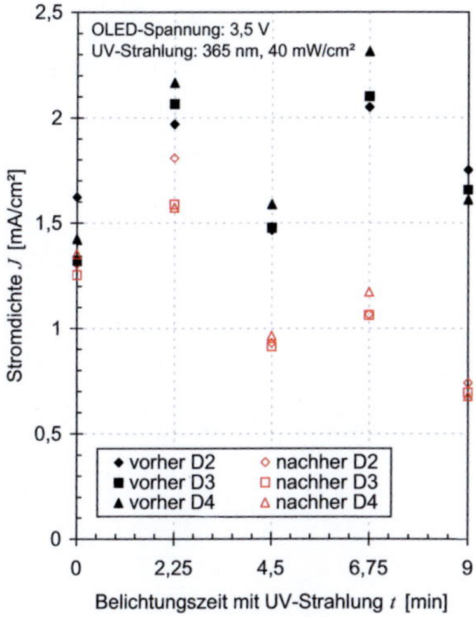

(a) Stromdichte

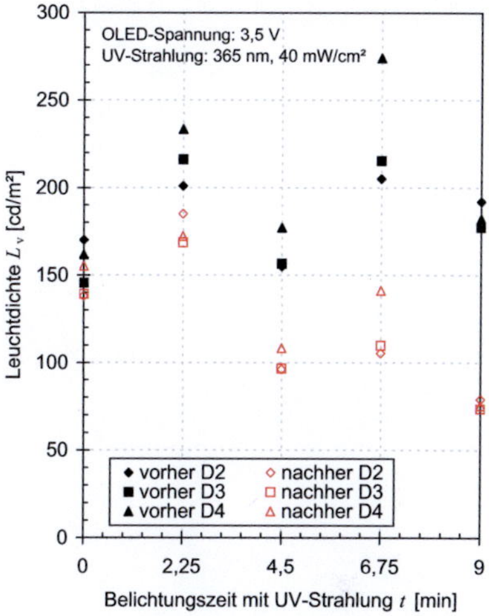

(b) Leuchtdichte

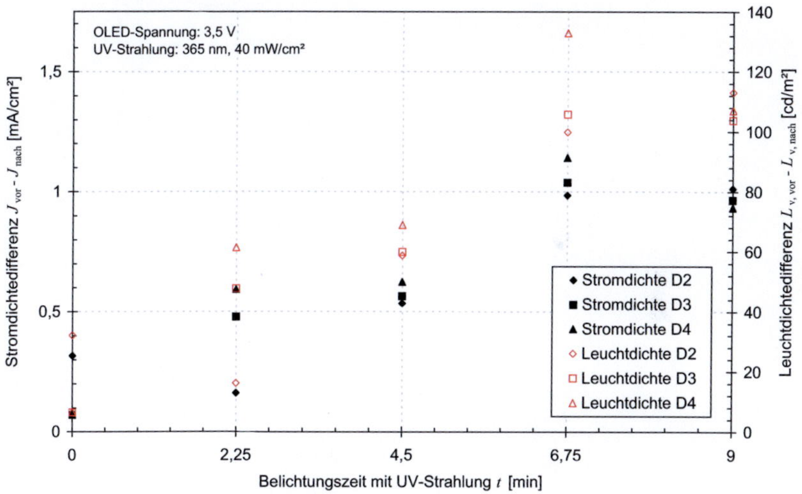

(c) Leuchtdichte- und Stromdichtedifferenz

Abbildung 4.7 Gemessene Stromdichte (a) und Leuchtdichte (b) in Abhängigkeit der Bestrahlungsdauer mit UV-Licht, wobei vor und nach der Bestrahlung verglichen wird. Die Differenzen zwischen der Stromdichte und Leuchtdichte stellt (c) dar. Die Dioden D2, D3 und D4 einer Bestrahlungsdauer befinden sich jeweils auf einer Probe.

Die Vermessung der Lebensdauer erfolgte bei 30 mA/cm^2, was eine schnelle Alterung der Dioden zur Folge hat. Die Anfangsleuchtdichten liegen bei ca. 5.000 cd/m^2. In Abbildung 4.8 ist die Abnahme der relativen Leuchtdichte über die Betriebszeit hinweg dargestellt. Mit zunehmender Bestrahlungsdauer sinkt die relative Leuchtdichte schneller (Ausnahme: 6,75 min D4). Diese Aussage zeigt sich wie erwartet für alle drei verschiedenen Diodengrößen.

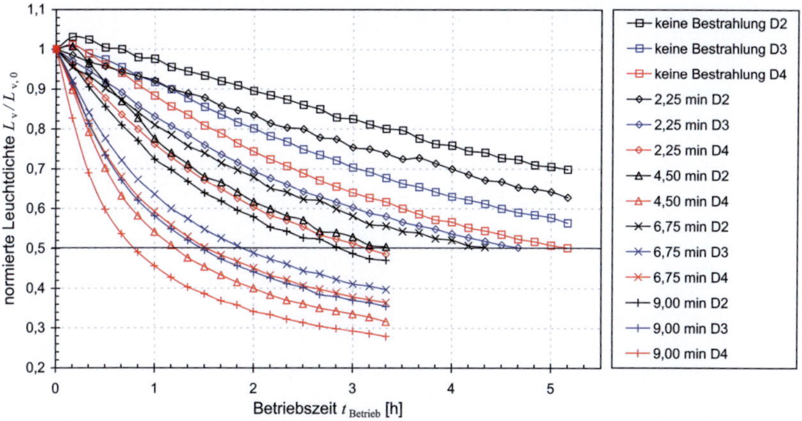

Abbildung 4.8 Messung der relativen Leuchtdichte $L_V/L_{V,\,0}$ während des Betriebes mit einer konstanten Stromdichte von $30\,\mathrm{mA/cm^2}$.

4.1.4 Ergebnis

Dieser Versuch zeigt, dass die Bestrahlung der OLED mit ultraviolettem Licht, welches für den Verkapselungsvorgang und das Abbinden des Klebstoffes erforderlich ist, durchaus eine Schädigung und Verschlechterung der Bauelementeperformance bewirkt. Hierbei spielt auf jeden Fall auch die Temperatur eine wichtige Rolle, die aber während des Verkapselungsprozesses auch präsent ist und ihr Einfluss daher bei den Betrachtungen nicht separat untersucht wurde.

Die Verschlechterung der OLED-Performance durch UV-Bestrahlung zeigt sich in den Kurven zu den Stromdichte- und Leuchtdichtedifferenzen (Abbildung 4.7(b)). Auch die Abnahme der relativen Leuchtdichte im Betrieb der Bauelemente zeigt bei längerer UV-Strahlung einen stärkeren Abfall. Demnach sollte im Hinblick auf die hohen Anforderungen an die OLED-Leistungsperformance dieser Aspekt der UV-Schädigung durch den Verkapselungsprozess beachtet werden.

4.2 Einzelchipverkapselung

4.2.1 Motivation

Ziel dieser Versuche ist die Machbarkeitsprüfung der Direktverkapselung von OLED-Mikrodisplays mit planaren Deckgläsern (ohne Kavität) und vollflächigem Adhäsivauftrag auf Chiplevel. Es ist zu untersuchen, wie eine benutzbare Verkapselung zu erreichen ist, wobei die Fragen zur

- Erzeugung einer blasenfreien Klebstoffschicht und zur
- Klebstofftauglichkeit für den direkten Kontakt zum OLED-Stapel

von speziellem Interesse sind. Zuerst stand somit die Entwicklung und der Aufbau einer Apparatur im Vordergrund, die für die blasenfreie Verkapselung auf Chipebene geeignet ist (sog. Einzelchipverkapselungswerkzeug). Diese Anlage sollte dann die Verkapselung an Einzelchips übernehmen. Ziel der durchgeführten Versuche war die Evaluierung verschiedener Klebstoffe. In den Ergebnissen sind rand- und vollflächenverkapselte organische Bauelemente miteinander verglichen.

4.2.2 Einzelchipverkapselungswerkzeug

Für eine sinnvolle und nutzbare Verkapselung mit flächigem Klebstoff auf dem leuchtenden Gebiet ist es erforderlich, dass die Klebstoffschicht frei von Einschlüssen und Blasen ist, um keine ungewollten Störungen der Lichtauskopplung durch z. B. Lichtbrechung zu erhalten. Vorversuche mit meanderförmig dispenstem Klebstoff zeigten nach dem Fügen in Reinraumumgebung unter normalem Luftdruck Einschlüsse in der Klebstoffschicht zwischen zwei Glasplatten. Die Blasenfreiheit der Klebstoffschicht kann erreicht werden, indem das Fügen in einer Umgebung mit Unterdruck bzw. Vakuum durchgeführt wird.

Es wurde ein Vakuumsystem mit Komponenten der Firmen Oerlikon[15] und VACOM[16] konzipiert und realisiert, welches aus einer Vakuumkammer mit Schauglas, einem Druckmessgerät und diversen Ventilen und Schläuchen besteht. Das Anlagensystem ist in Abbildung 4.9 dargestellt. Es kann Substrate und Deckgläser mit bis zu $35 \times 50\,\text{mm}^2$ Größe und 0,7 mm Dicke verarbeiten.

[15]Oerlikon Leybold Vacuum GmbH: www.oerlikon.com/leyboldvacuum/
[16]VACOM Vakuum Komponenten & Messtechnik GmbH: www.vacom.de

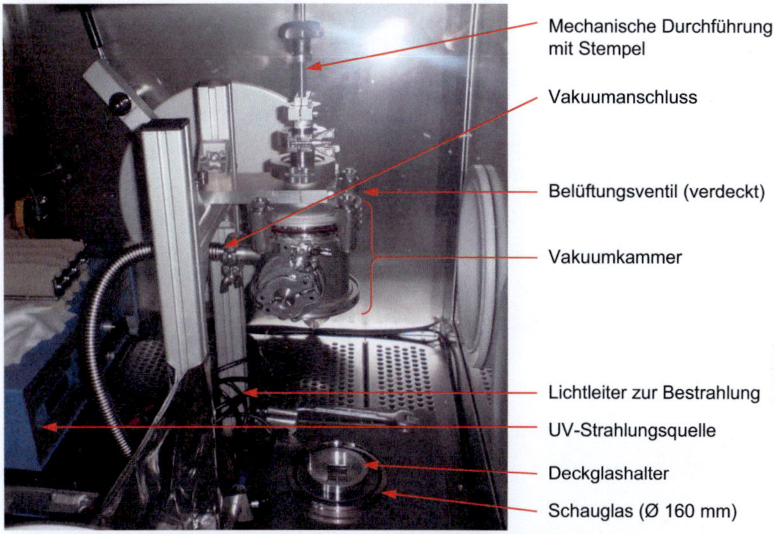

(a) Aufbau Einzelchipverkapselungswerkzeug mit Vakuumkammer.

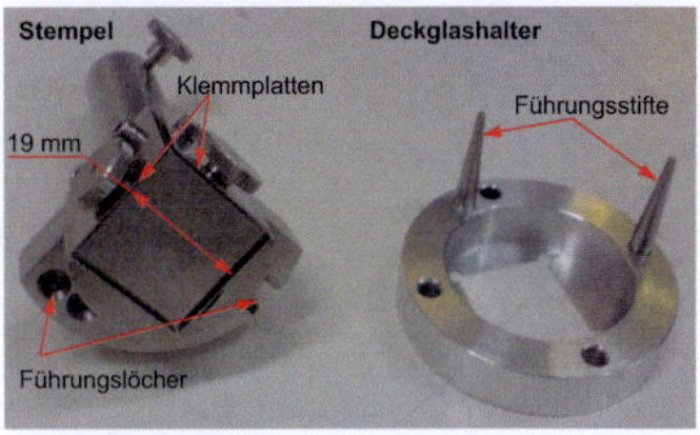

(b) Fügewerkzeug zur Positionierung von Substrat und Deckglas.

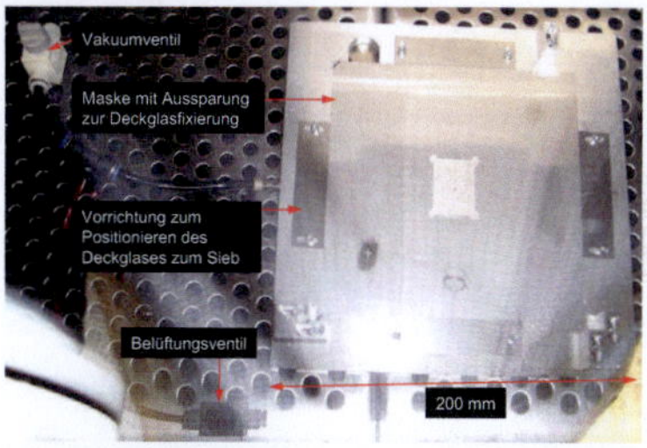

(c) Vorrichtung zum optisch positionierten Klebstoffsiebdruck.

Abbildung 4.9 Aufbau Einzelchipverkapselungswerkzeug für Direktverkapselung.

Das Vakuumsystem steht in einer Handschuhbox (glove box), in der eine Schutzgasatmosphäre mit trockenem Stickstoff herrscht. In dieser Umgebung sind kontrollierte Wasser-, Sauerstoff- und Partikelgehalte stabil vorhanden (O_2: 0,2 ppm, H_2O: 0,2 ppm). Dies ist wichtig, da die OLED-Bauelemente bis zur fertigen Verkapselung diesen Schädigungseinflüssen nicht ausgesetzt werden dürfen. Der Auftrag des Klebstoffes erfolgt durch Siebdruck in einer manuellen Vorrichtung (Abbildung 4.9(c)), die das Deckglas und das Sieb zueinander positioniert. Der Rakelvorgang wird mit einer Gummirakel per Hand durchgeführt, wobei der Absprung auf etwa 1 mm durch Abstandshalter eingestellt ist. Das Sieb besteht aus einem Aluminiumgussrahmen, Edelstahlgewebe SD 50/30 (lichte Maschenweite 50 µm, Drahtstärke ∅ 30 µm) und einem fotostrukturierbaren Kapillarfilm. Anschließend sind das OLED-Substrat und das mit Klebstoff beschichtete Deckglas in die Halterungen des selbst entwickelten Fügewerkzeuges einzulegen (Deckglas auf Kammerboden) bzw. einzuklemmen (Substrat an Stempel) und in die Vakuumkammer einzubringen. Da sich Deckglas und Substrat in einem Abstand zueinander befinden müssen (hier ca. 5 mm) und eine Vakuumhalterung in einer Vakuumkammer nicht funktioniert (kein Druckunterschied zum Halten des hängenden Substrates vorhanden), wurde die Klemmtechnik angewendet. Dabei wird das 0,7 mm dicke Substrat an seinen Kanten mit Federplatten gegen die jeweils gegenüberliegenden feststehenden Kanten dieses Werkzeugstempelkopfes gepresst. Abbildung 4.9(b) zeigt dieses Stempelwerkzeug.

Nach dem Schließen der Kammer reduziert eine Drehschieber-Vakuumpumpe (Sogevac SV 25 der Firma Oerlikon Leybold Vacuum GmbH) den Druck auf ca. $1{,}7 \cdot 10^{-1}$ mbar, was an der angeflanschten Messröhre (Oerlikon Leybold IONIVAC Combi Transmitter ITR 90) überprüft werden kann. Ist die Vakuumatmosphäre in der Kammer erreicht, können Substrat und Deckglas gefügt werden. Mit einer mechanischen Durchführung an der Oberseite der Kammer kann das oben hängende Substrat über eine Stiftführung zum Deckglas geführt werden, bis Kontakt hergestellt ist. Problematisch zeigte sich hier die Planparallelität von Substrat und Deckglas, wodurch bei Schrägstellung kein flächiger Kontakt erzeugt wird. Deshalb ist für den Ausgleich dieses Parallelitätsfehlers (Keilfehler) ein Federelement im Stempel eingebaut, welches die Schrägstellung kompensiert. Ob der Kontakt ordnungsgemäß hergestellt ist, zeigt eine visuelle Inspektion durch das Schauglas des Kammerbodens. Nun folgt die Belichtung durch die UV-Lampe (Bluepoint 4, Dr. Hönle AG) mit einer Spitzenwellenlänge von 365 nm. Die Strahlung dringt von unten durch das Schauglas (Borofloat® 33, 5 mm dick, Transparenz bei 300 nm ca.

91 %, Art.-Nr. ISOVPZ100TCRSV von VACOM) und dann durch das Deckglas, um den Klebstoff zu härten.

Mit diesem Aufbau konnte im Vergleich zu dispenstem Klebstoff und dem Fügen unter Atmosphäre eine wesentlich bessere Verkapselungsqualität bezüglich Blaseneinschlüssen und Verarbeitbarkeit erreicht werden. Hierbei hat sich vor allem gezeigt, dass ein blasenfreier Auftrag des Klebstoffes mit Siebdruck nicht zu erreichen war, obwohl der verwendete Klebstoff keine zusätzlichen Partikel enthielt. Auch der Versuch mit einem automatischen Siebdrucker verhinderte die Einschlüsse nicht. Nach dem Fügen von Substrat und Deckglas in der Kammer sind die Lufteinschlüsse in der Klebstoffschicht nicht mehr vorhanden, was auf das dort vorherrschende Vakuum zurückzuführen ist. Der Unterdruck entzog die im Klebstoff eingeschlossenenen Bläschen und verhinderte den Einschluss von Gasblasen beim Fügen. Somit stand für die vollflächige Verkapselung auf Einzelchipebene ein Versuchsaufbau zur Verfügung, der für den folgenden Versuch Verwendung fand.

4.2.3 Klebstofftauglichkeit für direkten OLED-Kontakt

Bisher sind keine Erkenntnisse darüber vorhanden, ob ein direkter Kontakt des Verkapselungsklebstoffes zum OLED-Stapel das Bauelement beschädigt. Das Ziel dieses Versuches ist die vollflächige Direktverkapselung und damit der direkte Kontakt von OLED und Klebstoff, wobei aus potentiell geeigneten kommerziellen Klebstoffen geeignete ausgewählt werden sollen. Dabei wurde das Verhalten bzw. die Reaktion der OLED auf den Klebstoff untersucht.

Der beschriebene Versuchsaufbau (Abschnitt 4.2.2) wurde in den Versuchen zur Klebstofftauglichkeit verwendet, deren Ablauf im Folgenden dargestellt wird.

1. **Herstellung OLED Proben.** Die Beschichtung der Substrate mit einem orangefarbenen top-emittierenden OLED-Schichtstapel erfolgte in der erwähnten Clusteranlage (siehe Abschnitt 4.1.2), woran sich ein inertes Umschleusen in die Handschuhbox der Einzelchipverkapselung anschloss. Die OLED-Proben haben folgenden Schichtstapel:

Schicht	Material
Auskopplung	organ. Auskoppelschicht
Kathode	Ag
ETL	
HBL	*p-i-n* OLED Schichtstapel
EL	*p-i-n* OLED Schichtstapel
EBL	*p-i-n* OLED Schichtstapel
HTL	
Anode	Al
Substrat	Silizium

2. **Reinigung Deckglas.** Die Reinigung des planaren Deckglases erfolgte durch einen mildalkalischen Reiniger (mit Ultraschall) und anschließender Spülung mit Isopropanol. Das sofortige Abblasen mit Stickstoff sichert Schlierenfreiheit. Anschließend wurde unter Stickstoffschutzgas das Deckglas bei 250°C für 2 h ausgeheizt, um Restmengen von gebundenem Wasser herauszubekommen. Eine Vorbehandlung mit Sauerstoff-/Argonplasma reduzierte die Oberflächenenergie des Glases und ermöglichte so eine gute Benetzung mit Klebstoff. Ohne Plasma zeigte sich schnell eine Entnetzung des Klebstoffes vom Glas (Tröpfchenbildung). Die erzielte Verringerung des Kontaktwinkels durch die Plasmabehandlung nähert sich nach kurzer Zeit wieder dem Ausgangszustand an, weshalb die Klebstoffbeschichtung zeitnah erfolgen muss.

3. **Siebdrucken Klebstoff.** Die Handrakel brachte den Klebstoff durch das Sieb auf das Deckglas auf.

4. **Einspannen OLED-Substrat.** Die Einspannung des Substrates erfolgte, mit der beschichteten OLED Seite nach unten zeigend, in den Werkzeugstempel mit der Kantenklemmtechnik.

5. **Deckglas einlegen.** Das mit Klebstoff beschichtete Deckglas wurde in einen Metallhalter eingelegt, der auf der Innenseite des Schauglases (Unterseite der Vakuumkammer) liegt. Das Schließen der Vakuumkammer geschah mit dem Anbau des Schauglases und Einfädeln der Stiftführungen des Fügewerkzeuges (benötigt für die Ausrichtung von Deckglas und Substrat).

6. **Bondkammer evakuieren.** Ein Ventil stellt die Verbindung zwischen Bondkammer und Vakuumpumpe her und ermöglicht das Abpumpen der Kammer bis auf einen Druck von ca. $1{,}7 \cdot 10^{-1}$ mbar. Den erreichten Druck zeigt die Vakuumdruckmessröhre an.

Tabelle 4.2 Klebstoffe für die Tauglichkeitsuntersuchung auf Direktverkapselung.

Hersteller/ Klebstoffname	WVTR $[g / m^2 d]$	Viskosität [Pa s]	Härtungs-bedingungen[a]	Farbe/ Transparenz	Ref.
Nagase ChemteX Corp. XNR5541	61 (60 °C, $\varphi = 90\,\%$, 0,1 mm dick)	0,45	365 nm 1 J/cm² + 100 °C, 1 h	klar	[Nag06]
Nagase ChemteX Corp. XNR5542	41 (60 °C, $\varphi = 90\,\%$, 0,1 mm dick)	0,20	365 nm 6 J/cm² + 80 °C, 1 h	klar	[Nag08]
Electro-Lite Corp. ELC 2500CL	k. A.	0,60	365 nm	klar	[Ele07]
Star Technology L-75-1	k. A.	0,30	250–600 nm 10–100 mW/cm²	bernsteinfarben bis hellbraun	[Sta09]

[a]Wellenlänge des Lichtes, Belichtungszeit und Dosis, zusätzlich Temperatur

7. **Fügen von OLED-Chip und Deckglas.** Das Lösen der Fixierung für den Werkzeugstempelkopf mit dem daran klemmenden Substrat erfolgte manuell. Vorsichtiges Absetzen auf dem Deckglas und visuelle Kontrolle per Spiegel von unten durch das Schauglas sichert einen vollflächigen Kontakt der Fügepartner.
8. **UV-Bestrahlung.** Über Lichtleiter wurde von unten durch das Schauglas mit UV-Strahlung belichtet. Über einen zeitgesteuerten Blendenverschluß wurde die Belichtungsdauer von 180 s bei einer Intensität von etwa 33 mW/cm² (bei 365 nm) definiert.
9. **Kammer öffnen.** Nach der Belichtung ist der Klebstoff gehärtet und die Verkapselung abgeschlossen. Das Vakuum wurde abgetrennt, die Kammer belüftet (Stickstoff der Handschuhbox) und anschließend geöffnet.
10. **Probenentnahme.** Das Lösen der Chipklemmung, das Entnehmen der fertig verkapselten Probe und das Ausschleusen aus der Handschuhbox schließen den Verkapselungvorgang ab.
11. **Charakterisierung.** Die Vermessung der Proben für Vergleiche ist nachfolgend beschrieben.

Die Klebstoffe für diesen Versuch wurden nach den Anforderungen ausgewählt, die in Abschnitt 2.2.3 dargestellt sind. Daraufhin kamen die folgenden vier Klebstoffe XNR 5541 (Nagase), XNR 5542 (Nagase), L-75-1 (Star Technology) und ELC 2500CL (Electro-Lite) zur Anwendung (siehe Tabelle 4.2).

Als Substrate wurden $35 \times 50\,\mathrm{mm}^2$ große Rechtecke eingesetzt, die eine Wafersäge aus 150 mm Silizium-Wafern herstellte. Das Layout ähnelt jenem aus Abbildung 4.2, wobei nun die Seite des Deckglases betrachtet wird und die dadurch bedingte Spiegelung zu berücksichtigen ist. Die leuchtenden Flächen sind für diese Proben geringfügig größer: $A_{\mathrm{D1}} = 1{,}25\,\mathrm{mm}^2$, $A_{\mathrm{D2}} = 5{,}06\,\mathrm{mm}^2$, $A_{\mathrm{D3}} = 20{,}25\,\mathrm{mm}^2$, $A_{\mathrm{D4}} = 80{,}75\,\mathrm{mm}^2$. Der Auftrag des Klebstoffes per Siebdruck erfolgte auf das Deckglas mit drei unterschiedlichen Anordnungen (Sieblayout). Hiermit sollte der direkte Einfluss des Klebstoffkontaktes auf einer Probe gezeigt werden, wobei die Ag-Kathode und abschließend die 85 nm dünne Auskoppelschicht das Interface zum Klebstoff bilden. Von den 4 leuchtenden Diodenflächen der Proben sind entweder alle mit direktem, nur 2 mit direktem (D1 und D4, Layout siehe Abbildung 4.2) oder keine mit direktem Klebstoffkontakt verkapselt. Sollte kein direkter Kontakt erfolgen, verlief die Klebstoffnaht als schützender Ring um die OLEDs. Das nicht zu kontrollierende Verlaufen des Klebstoffes bei Kontakt von planarem Deckglas und Substrat erschwerte eine gute Probenherstellung mit exakten Klebstoffrändern. Dennoch konnten die meisten Proben für den Versuch verwendet werden.

Optische Inspektion

Die optische Inspektion der Proben erfolgte unmittelbar nach der Probenherstellung (nach der Verkapselung) und zu bestimmten Zeitpunkten zwischen und nach der Betriebslebensdauermessung (1199 h, 1000 cd/m^2 Startleuchtdichte) und Lagerung (306 Tage, Raumtemperatur, Raumluftfeuchtigkeit). Das Ergebnis ist exemplarisch in Tabelle 4.3 dargestellt. Es werden für alle getesteten Klebstoffe die Proben gezeigt, auf denen sich 2 Dioden mit direktem Klebstoffkontakt und 2 Dioden mit Klebstoffrandverkapselung befinden, und zwar zum Zeitpunkt unmittelbar nach der Probenherstellung sowie nach Betrieb und Lagerung. Zum Vergleich sind die Referenzproben nach identischen Betriebs- und Lagerungsbedingungen abgebildet. Die Referenzproben erhielten eine Randverkapselung durch Dispensen des jeweiligen Klebstoffes und einem Kavitätsdeckglas. Dabei bestand kein Kontakt aller Referenzquadranten D1–4 zu Klebstoff oder Deckglas. Die Kavität des Deckglases war mit trockenem Stickstoff gefüllt, der mit geringem Überdruck beim Verkapseln eingeschlossen wurde.

Nach der Probenherstellung zeigte der elektrische Test bei 3 V die Funktion aller Dioden bis auf die beiden Quadranten D2 und D3 der Probe V8811_14A.

Tabelle 4.3 Proben zur Klebstofftauglichkeit. Dargestellt sind exemplarisch die Bauelemente, bei denen direkter Klebstoffkontakt zur OLED (beide Quadranten linke Probenseite: D1, D4) bzw. eine Klebstoffumrandung der OLED (beide Quadranten rechte Probenseite: D2, D3) realisiert ist. Die Referenzen sind um alle 4 Quadranten randverkapselt.

Klebstoff	**Probe nach Herstellung**[a]	**Probe nach Betrieb + Lagerung**[b]	**Referenzprobe nach Betrieb + Lagerung**[b]
XNR 5541	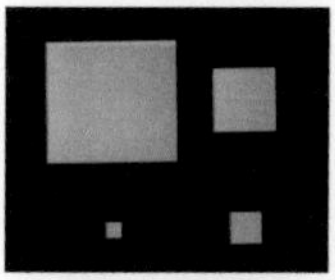 V8811_13B, 3 V	 V8811_13B, 6 V, 56 ms [c]	 V8811_17D, 6 V, 417 ms
XNR 5542	 V8811_14A, 3 V [d]	 V8811_14A, 3 V, 167 ms [d]	 V8811_18A, 5 V, 83 ms
ELC 2500CL	 V8811_21C, 3 V	 V8811_21C, 5 V, 16 ms [e]	 V8811_18C, 5 V, 167 ms
L-75-1	 V8811_19D, 3 V	 V8811_19D, 3 V, 167 ms	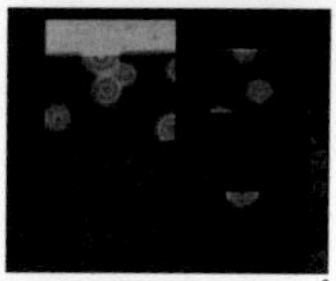 V8811_18D, 9 V, 500 ms [f]

[a] Angaben zu Proben-Nr., Betriebsspannung und Belichtungsdauer der Bildaufnahme. Ist keine Belichtungsdauer angegeben, ist sie bei allen Proben zu diesem Zeitpunkt gleich.
[b] 1199 h Betrieb und 306 d Lagerung jeweils bei Raumtemperatur und -feuchtigkeit.
[c] Beide linke Quadranten leuchten sehr schwach.
[d] Rechte Dioden mit undichtem Klebstoffrand nach Herstellung sofort degradiert.
[e] Kurzschluss bei Diode D4.
[f] Kreisrunde Defekte ungeklärter Ursache.

Die festgestellte schnelle Degradation dieser beiden Dioden ist auf eine undichte Klebstoffumrandung zurückzuführen, wodurch Sauerstoff und Wasser eindringen konnte. Bemerkenswert ist, dass der vollflächige Kontakt des Klebstoffes mit dem OLED-Schichtstapel das Bauelement nicht zerstört. Vergleicht man qualitativ die Spannungen und Belichtungsdauern der Proben mit denen der Referenzproben, zeigen die Referenzproben eine geringere Helligkeit unabhängig vom Klebstofftyp.

Auffällig sind die Proben mit XNR 5541, bei denen alle Dioden mit direktem Klebstoffkontakt eine so starke Verringerung ihrer Helligkeit aufweisen, dass hier von einer Schädigung durch den Klebstoffkontakt ausgegangen werden muss. Festgestellt wurde kein Kurzschluss, allerdings konnte nur mit hohen Spannungen die Funktion Elektrolumineszenz beobachtet werden.

Stromdichte, Spannung, Leuchtdichte

Die Vermessung von Stromdichte, Spannung und Leuchtdichte nach der Probenherstellung ist in Abbildung 4.10 zusammengefasst, wobei auch hier die oben gezeigten Proben mit jeweils direkter und Randverkapselung sowie die größte Diode D4 der Referenzprobe dargestellt sind. Zu erkennen ist, dass die Kennliniensteilheit der Stromdichte- und der Leuchtdichtekurve für direkte oder Rahmenverkapselung gleich ist. Die eingestellte Strombegrenzung verhindert höhere Stromdichten von $100\,\mathrm{mA/cm^2}$ und begrenzt damit auch die Leuchtdichte aller Dioden. Dieses Ergebnis gilt auch für die Proben, bei denen Direkt- und Rahmenverkapselung auf zwei verschiedenen Substraten hergestellt wurden.

Die Tabelle 4.4 stellt aus den gezeigten Messungen die Performance der Dioden in Abhängigkeit der vier Klebstoffe gegenüber, wobei Spannung, Stromeffizienz und Leistungseffizienz bei einer Leuchtdichte von $1000\ \mathrm{cd/m^2}$ aufgezeigt sind.

Bei allen Klebstoffen sind sowohl die Stromeffizienz als auch die Leistungseffizienz bei Direktverkapselung geringfügig höher als für die Rahmenverkapselung. Die erforderliche Spannung für $1000\ \mathrm{cd/m^2}$ ist mit einer Differenz von maximal $0{,}1\,\mathrm{V}$ nahezu identisch.

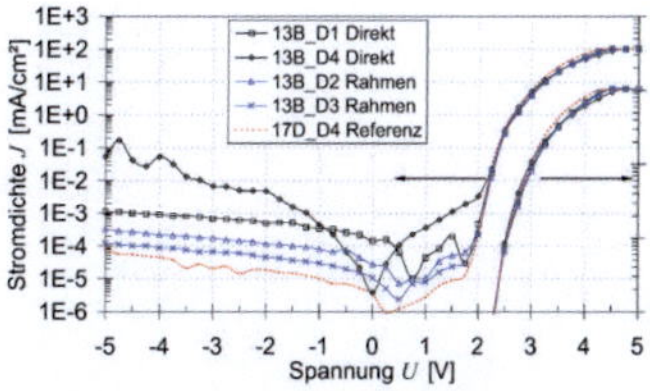

(a) XNR 5541

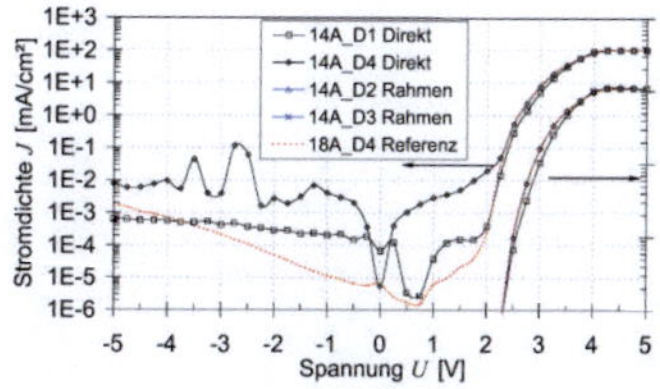

(b) XNR 5542

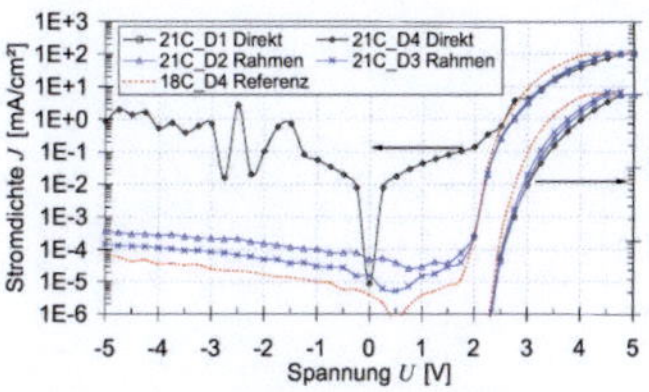

(c) ELC 2500CL

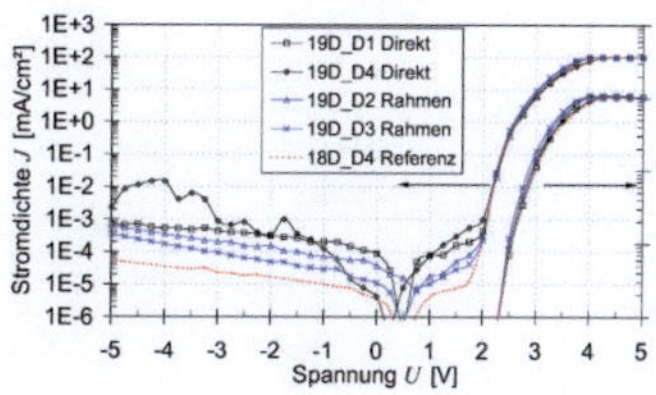

(d) L-75-1

Abbildung 4.10 Gemessene Stromdichte, Spannung und Leuchtdichte der Proben (V8811) im Vergleich von Direkt- und Rahmenverkapselung nach der Probenherstellung. Die größte Diode D4 der Referenzprobe zu jedem Klebstoff zeigt zum Vergleich eine Probe mit dispenster Klebstoff-Randverkapselung.

Tabelle 4.4 Spannung U, Stromeffizienz $\eta_{\mathrm{v,\,S}}$ und Leistungseffizienz η_{v} der direkt- und rahmenverkapselten Proben bei 1000 cd/m^2 jeweils der größten Diode D4.

	XNR 5541	XNR 5542	ELC 2500CL	L-75-1
Direktverk.	V8811_13B_D4	V8811_14A_D4	V8811_21A_D4	V8811_19D_D4
U [V]	3,0	2,9	2,9	2,9
J [mA/cm^2]	4,8	4,6	4,8	5,0
$\eta_{\mathrm{v,\,S}}$ [cd/A]	21,1	22,4	21,6	20,3
η_{v} [lm/W]	22,3	24,7	23,7	22,0
Rahmenverk.	V8811_13B_D3	V8811_18A_D3	V8811_21C_D3	V8811_19D_D3
U [V]	3,0	3,0	3,1	2,8
J [mA/cm^2]	4,9	5,3	4,7	5,0
$\eta_{\mathrm{v,\,S}}$ [cd/A]	20,8	20,4	21,7	20,6
η_{v} [lm/W]	21,6	21,8	22,3	22,9

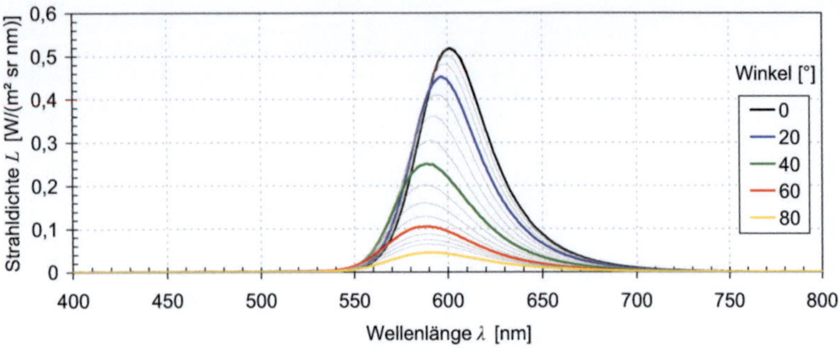

(a) Spektrale Strahldichte der Probe V8811_D4

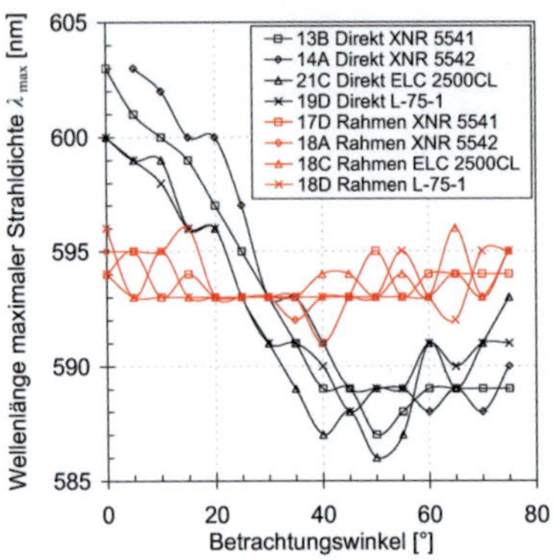

(b) Peak-Wellenlänge

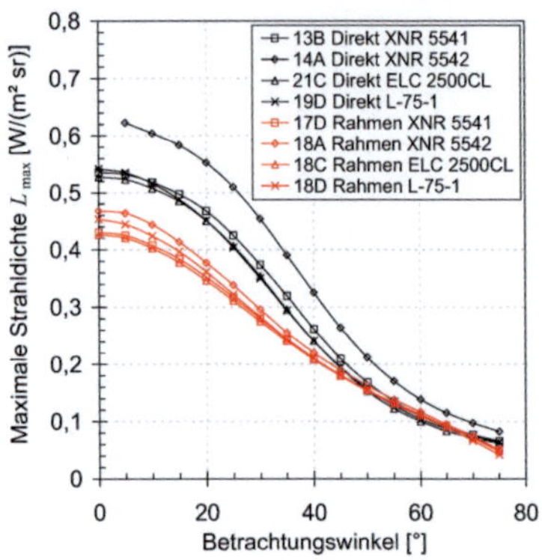

(c) Peak-Strahldichte

Abbildung 4.11 Winkelabhängigkeit der Strahldichte bei 23 °C. Vergleich der untersuchten Klebstoffe für maximale Strahldichte und Wellenlänge höchster Strahldichte.

Winkelabhängigkeit der Emission

Für verschiedene Betrachtungswinkel ändert sich auch die Strahldichte der OLED. Die spektrale Strahldichte der OLEDs ist exemplarisch in Abbildung 4.11(a) für die Diode V8811_20D_D4 dargestellt. Sie steigt mit abnehmendem Betrachtungswinkel, bis sie ihr Maximum bei 0° (Vorwärtsemmission lotrecht zur Diodenfläche) erreicht. Mit Abnahme des Winkels verschiebt sich die Wellenlänge der maximalen Strahldichte, oft als Peak-Wellenlänge bezeichnet, zu kleineren Wellenlängen (Blauverschiebung). Die Maximalstrahldichte (Peak-Strahldichte) nimmt mit zunehmendem Betrachtungswinkel ab. Diese beiden Abhängigkeiten sind für die verschiedenen Klebstoffe in den Abbildungen 4.11(b) und 4.11(c) verdeutlicht.

Bei den rahmenverkapselten Proben ist die Peak-Wellenlänge über den Winkelbereich annähernd konstant (5 nm Wertebereich von 591–596 nm). Die direkt verkapselten Proben weisen eine Verschiebung der Peak-Wellenlänge von ca. 602 nm bei 0° zu 591 nm bei 80° auf. Nur sehr kleine Unterschiede sind bezüglich der unterschiedlichen Klebstoffe erkennbar.

Wie die Peak-Wellenlänge verändert sich auch die Peak-Strahldichte für die Direktverkapselung in einem größeren Bereich. Für 0° liegt sie bei 0,54 W/(m^{2}sr), wohingegen für Rahmenverkapselung nur 0,45 W/(m^{2}sr) erreicht werden. Die direkt verkapselte OLED mit dem Klebstoff XNR 5542 hat eine größere Strahldichte bei Direktverkapselung erreicht als die Proben mit anderen Klebstoffen.

Betriebslebensdauertest

Als Eingangsgröße für den Betriebslebensdauertest ist die Stromdichte jeder Diode bei einer Leuchtdichte von 1000 cd/m^2 erforderlich, welche sich aus der Stromdichte-Spannungs-Leuchtdichte-Kurve ergibt. Das Messgerät treibt die Dioden konstant bei dieser Stromdichte und zeichnet den Spannungs- und Leuchtdichteverlauf über die Zeit auf. Diese Charakteristiken sind exemplarisch in Abbildung 4.12(a) aufgeführt. Während des Lebensdauertests erfolgte nach 600 h eine visuelle Inspektion der Proben. Zu erkennen ist dieses Ereignis im Diagramm durch das Fehlen von Datenpunkten und einer Regeneration der OLED bei Nicht-Betrieb.

Abbildung 4.12(b) zeigt die für einzelne Dioden bestimmte Betriebslebensdauer. Diese ist aus den Messwerten mit der gestreckten Exponentialfunktion aus Gleichung 2.8 berechnet, sofern die Lebensdauer die Testdauer übersteigt. Die Betriebslebensdauer ist für rahmenverkapselte Proben größer als für direktverkapselte. Dies gilt für alle Klebstoffe. Auffallend gering sind die Lebensdauern mit XNR 5541, speziell für Direktverkapselung.

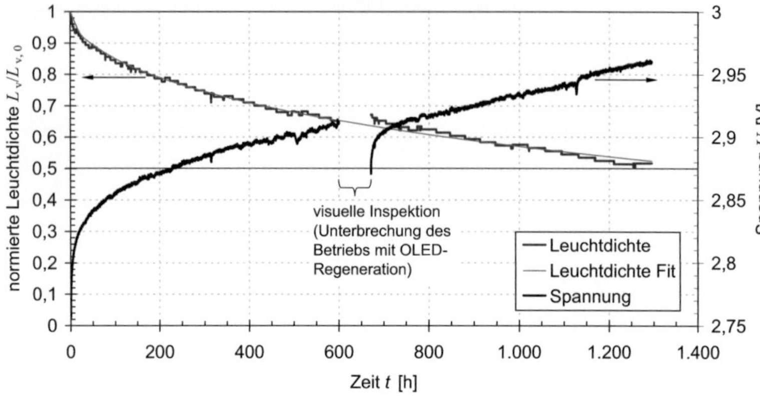

(a) Leuchtdichteabnahme und Spannungszunahme bei Betrieb der OLED V8811_14A_D4.

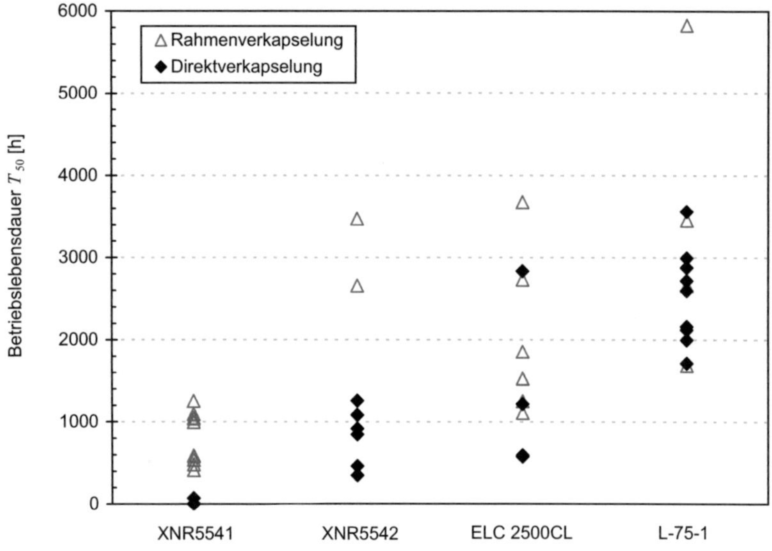

(b) Betriebslebensdauern der verschiedenen Klebstoffe für Direkt- und Rahmenverkapselung.

Abbildung 4.12 Betriebslebensdauer des Klebstofftauglichkeitstests mit konstanter Stromdichte und einer Anfangsleuchtdichte von $L_{v,0} = 1000$ cd/m^2.

Alterung des Klebstoffes

Die bisherigen Untersuchungen betrachten die Klebstoffe jeweils bei Raumtemperatur und Raumluftfeuchtigkeit in Verbindung mit einem OLED-Bauelement. Um ein frühzeitiges bzw. beschleunigtes Altern der Klebstoffe durch Sonneneinstrahlung, erhöhter Temperatur und Feuchtigkeit zu untersuchen, lagerten die Klebstoffproben in einem Sonnensimulator (Steuernagel SolarConstant 1200) und einem Klimaschrank (Vötsch SC 340 MHG). Es kam ein simuliertes Sonnenspektrum AM 1,5 [IEC08] in einer Umgebung von 23 °C für insgesamt 8 h zum Einsatz. Der Klimatest verlief bei 85 °C und 85 % relativer Luftfeuchte über insgesamt 192 h.

Die Proben bestanden aus zwei, mit dem jeweiligen Klebstoff gegeneinander verklebten Glasplatten (Corning Eagle2000™, 700 µm dick), wobei der Klebstoff per Siebdruck aufgetragen wurde und eine Schichtdicke von 5–15 µm besaß. Diese Schichtdickenschwankungen sind der per Hand ausgeführten Arbeit beim Siebdruck und der Einzelchipverkapselung geschuldet. Für jeden Klebstoff gab es jeweils zwei Proben. Die erste erhielt die alterungsfördernden Bedingungen simulierte Sonnenbestrahlung, Temperatur und Feuchte, wohingegen die zweite unter Raumtemperatur, Raumfeuchte und in Dunkelheit lagerte.

Veränderungen im Klebstoff sollten über eine Veränderung der Transmission bzw. Absorbanz festzustellen sein (Zusammenhang siehe Gleichung 4.2). Die Messung der Absorbanz führte ein Spektrometer (Shimadzu 3500 DUV, siehe Abschnitt 9.2.5) durch. Zu erwarten ist eine Zunahme der Absorbanz bei Alterung des Klebstoffes, wie sie beim Vergilben auftritt.

Die Messdaten der Absorbanzmessungen vor und nach der Sonnenbestrahlung und dem Klimatest sind in Abbildung 4.13 dargestellt. Sie zeigt exemplarisch für den Klebstoff XNR 5542 das Ergebnis eines Vergleichs der beiden Proben mit und ohne Alterungsbehandlung. Die Probe ohne Sonnenbestrahlung und Klimatest ändert ihre spektrale Absorbanz nicht, wohingegen die Probe mit Behandlung eine deutliche Änderung aufweist. Mit zunehmender Sonnenbestrahlung steigt die Absorbanz an. Durch die Klimabehandlung nimmt die Absorbanz bis zu einem bestimmten Level wieder etwas ab und bleibt dort konstant. Dieses Verhalten wird bei allen vier Klebstoffen jeweils unterschiedlich stark beobachtet (Abbildung 4.14). Die Referenzproben ohne Bestrahlung und Klimatest zeigen keine Veränderung in ihrer Absorbanz.

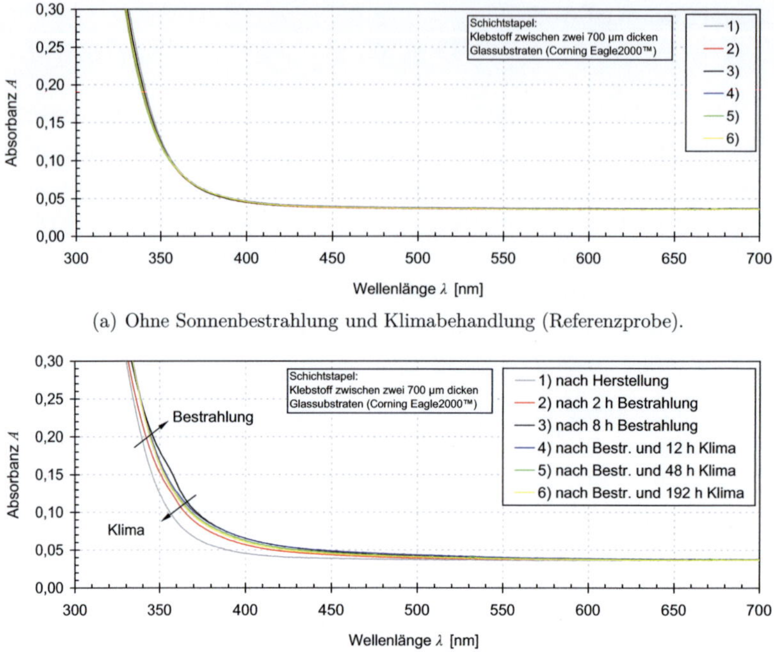

(a) Ohne Sonnenbestrahlung und Klimabehandlung (Referenzprobe).

(b) Mit Sonnenbestrahlung und anschließender Klimabehandlung.

Abbildung 4.13 Klebstoffalterung durch Sonnenbestrahlung (AM 1,5) und Klimabehandlung (85 °C, 85 % rel. Luftfeuchte) des Klebstoffes XNR 5542. Verglichen ist die Absorbanz zu den verschiedenen Zeitpunkten 1)–6).

Der Klebstoff L-75-1 weicht von dem beschriebenen Verhalten ab. Die Absorbanzspektren zeigen zwischen 350–400 nm einen Sattel, der durch die Photoinitiatoren für die UV-Härtung entsteht (Härtung aller Klebstoffe bei 365 nm). Dieser Sattel verschwindet bei der sonnenbestrahlten Probe schon nach 2 h, wohingegen die unbehandelte Probe erst zum Zeitpunkt der Klimatests ihren Sattel verliert. Dies ist ein deutliches Zeichen dafür, dass hier der Vernetzungsvorgang des Polymers noch nicht vollständig abgeschlossen war. Durch die Klimabehandlung mit durchgehärtetem Klebstoff L-75-1 ist dann die Absorbanz, wie bei den anderen Klebstoffen, annähernd konstant.

Dieses Verhalten liegt ursächlich in einem Nach- bzw. Durchhärten der Klebstoffe aufgrund zusätzlicher Strahlungsenergie begründet. Das Abbinden der Klebstoffe erfolgte unter den Härtungsbedingungen, die von den Herstellern empfohlen sind,

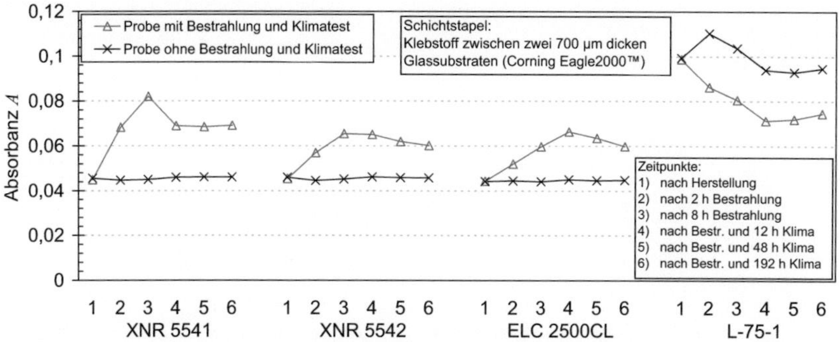

Abbildung 4.14 Transmissionsänderung der untersuchten Klebstoffe durch Sonnenbestrahlung und Klimabehandlung (85 °C, 85 % rel. Luftfeuchte) bei einer Wellenlänge von $\lambda = 400\,\text{nm}$.

trotzdem ist eine weitere Veränderung der Klebstoffe anhand deren Absorbanz sichtbar.

Die Berechnung der Transmission T aus der Absorbanz bzw. Optischen Dichte OD[17] mit der Gleichung

$$OD = -\lg T = -\lg \frac{I_t}{I_0}, \tag{4.2}$$

wobei I_t die Intensität der transmittierten und I_0 die der einfallenden Strahlung beschreibt, ermöglicht einen Vergleich der Klebstoffe nach dem Alterungstest. Diese Betrachtung ist für die Anwendung einer weißen OLED wichtig, die mit einem gewissen Spektrum die weiße Farbe erzeugt. So liegen zum Beispiel für ein kaltes 3-Farb-Weiß die Emissionsmaxima bei 460 nm, 509 nm und 599 nm. In Abbildung 4.15 ist für diese drei Wellenlängen die Transmission der Klebstoffe nach der Alterungsbehandlung aufgetragen. Vorzugsweise sollten die Klebstoffe eine Transmission von 1 über den gesamten visuellen Wellenlängenbereich besitzen. Dies ist praktisch nicht möglich. Allerdings ist man bestrebt, vor allem für die effizienzschwachen blauen Emitter, eine hohe Transmission zu erhalten. Die getesteten Klebstoffe weisen eine Transmission bis 0,92 auf, allerdings liegt die Transmission für Blau etwas tiefer. Die höchste Transmission zeigen die beiden Klebstoffe XNR 5541 und XNR 5542 von Nagase.

[17] Absorbanz A = Optische Dichte $\neq$ Absorption

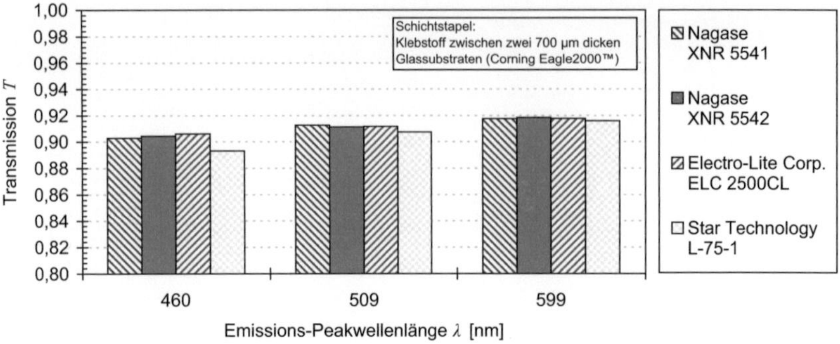

Abbildung 4.15 Transmission der untersuchten Klebstoffe nach der Alterung (10 h Sonnenbestrahlung und 192 h bei 85 °C und 85 % rel. Luftfeuchte). Die betrachteten Wellenlängen (460 nm, 509 nm, 599 nm) sind die Stellen größter Emissionsintensität einer 3-Farb-Kalt-Weiß-OLED und bzgl. differentiellem Altern wichtig (siehe Abschnitt 2.1.7).

CMOS-Reinraum Kompatibilität

Für die Verwendung der Klebstoffe in einem CMOS-Reinraum neben etablierten Prozessen sind Kenntnisse über mögliche Querkontamination essentiell. Alkali- und Erdalkali-Elemente sind in Bezug auf mögliche Schäden an integrierten Schaltkreisen besonders zu betrachten. Sie diffundieren leicht durch Schichten und beeinträchtigen somit die Funktion von Bauelementen wesentlich. Die Auswirkungen zeigen sich meist erst spät und die Ursachen dafür sind nur mit hohem Aufwand zu finden. Aus diesem Grund zeigt eine Analyse mit der optischen Emissionsspektrometrie mittels induktiv gekoppeltem Plasma (ICP-OES) diese Bestandteile in den Klebstoffen auf (Tabelle 4.5).

Die Konzentration vor allem von Natrium liegt bei allen Klebstoffen relativ hoch

Tabelle 4.5 Alkali- und Erdalkali-Elementanalyse der Klebstoffe mit ICP-OES.

Einheit [mg/kg] bzw. [ppm]	XNR 5541	XNR 5542	ELC 2500CL	L-75-1
Barium (Ba)	< 1	< 1	< 1	< 1
Calcium (Ca)	< 5	< 5	< 5	< 5
Kalium (K)	37	< 1	< 1	38
Magnesium (Mg)	< 1	< 1	< 1	2
Natrium (Na)	31	13	20	11
Strontium (Sr)	< 1	< 1	< 1	< 1

(11–31 ppm). Daher ist bei der Anwendung der Klebstoffe besondere Sorgfalt geboten. Hier ist die Benutzung getrennter Arbeitsmittel, wie z. B. Pinzetten oder Substrattische, zu beachten. Wird dies nicht berücksichtigt, kann für die Schaltkreise eine Verschleppung der Verunreinigungen zu Spätfolgen und Bauelementeausfall führen, was erst viel später in Form von Langzeitschäden zum Vorschein kommt.

Zusammenfassung Klebstofftauglichkeit

Die Ergebnisse der Klebstofftauglichkeitsuntersuchungen sind in Tabelle 4.6 zusammengestellt. Der Klebstoff XNR 5541 hat deutliche Probleme mit dem direkten Kontakt zum OLED-Stapel. Hier sind viele Ausfälle und auch geringe Lebensdauern zu verzeichnen. XNR 5542 zeigt eine gute Ausbeute, wobei die Lebensdauer der Bauelemente nur mäßig ist. Die erzielten Performancewerte der Test-OLEDs liegen an der Spitze und die Verunreinigung durch Fremdatome ist am geringsten. ELC 2500CL besitzt die höchste Transmission im blauen Spektralbereich und weist auch eine geringe Materialverunreinigung auf. Die Leistung der Testbauelemente ist gut, allerdings gibt es einige Ausfälle von Testbauelementen. Der Klebstoff L-75-1 zeigt ein gutes Betriebsverhalten der Bauelemente mit 100 % Ausbeute und den höchsten Lebensdauern. Bei Transmission und Materialverunreinigung bildet er das Schlusslicht. Im Vergleich zu den Referenzproben mit Rahmenverkapselung ist die Ausbeute der Direktverkapselung geringer als 100 % und auch die Lebensdauern sind geringer. Das Fehlen einer gasförmigen Zwischenschicht im optischen Weg der emittierten Strahlung (Luftspalt) führt bei direktem Klebstoffkontakt zu einer Winkelabhängigkeit der Peakwellenlänge (Verschiebung um ca. 13 nm) und einer höheren Strahldichte bei Vorwärtsemission (Steigerung um 20 %). Dadurch ist für diesen Probenaufbau auch die Performance der Test-OLEDs mit Direktverkapselung besser als bei denen mit Rahmenverkapselung.

Tabelle 4.6 Zusammenfassung der Klebstofftauglichkeitsuntersuchungen für direkte OLED-Verkapselung im Vergleich zur Rahmenverkapselung. Der jeweils beste Wert einer Kategorie ist hervorgehoben.

	Direktverkapselung				Rahmenverkapselung
	XNR 5541	XNR 5542	ELC 2500CL	L-75-1	Referenz
optische Funktion nach Lebensdauertest	50 % (4 von 8)	**100 %** (6 von 6)	67 % (4 von 6)	**100 %** (6 von 6)	**100 %** (16 von 16)
Charakteristik bei 1000 cd/m^2					
Spannung [V]	3,68	2,97	2,99	**2,92**	2,96
Stromdichte [mA/cm^2]	6,79	**4,77**	5,17	5,36	5,46
Stromeffizienz [cd/A]	17,04	**21,39**	20,24	18,97	18,65
Leistungseffizienz [lm/W]	15,14	**22,73**	21,43	20,51	19,84
Winkelabhängigkeit					
Strahldichte 0°/ 75° [W/(m^2 sr nm)]	0,54/ 0,06	**0,63/ 0,08**	0,52/ 0,06	0,54/ 0,06	0,45/ 0,05
Peakwellenlänge [nm]	587–603	588–603	**586–600**	588–600	591–596
Betriebslebensdauer T_{50} [h]	86	789	1306	**3407**	2648
Transmission nach Alterung 460 nm/ 509 nm/ 599 nm	0,90/ 0,91/ 0,92	0,90/ 0,91/ 0,92	**0,91/ 0,91/ 0,92**	0,89/ 0,91/ 0,92	
Klebstoff-verunreinigung [ppm]	K 37, Na 31	**Na 13**	Na 20	K 38, Mg 2, Na 11	

5 Evaluierung Anlagentechnik

Eine erfolgreiche Technologie geht immer mit dem richtigen Fertigungsequipment einher. Für dessen Entwicklung war es zunächst erforderlich, eine entsprechende Spezifikation mit Zielparametern aufzustellen. Eine globale Suche nach Herstellern von Anlagen, die den getroffenen Spezifikationen entsprechen, schloss sich an. Im folgenden Kapitel wird die Auswahl der am besten geeigneten Maschine in Verbindung mit deren technologischer Grundidee dargestellt. Die Qualifizierung der beschafften Anlage wurde anhand von Testsubstraten untersucht.

5.1 Spezifikation

Die Spezifikation für die Anlagen der Verkapselung wurde erarbeitet und umfasst die folgenden Punkte.

- **Prozessfluss**

Prozessmodul	Prozessschritt	Bemerkung
Bonding	Vorausrichtung Deckglas zu Substrat	-
	In Kontakt bringen und Zusammenpressen von Deckglas und Substrat	Unter Vakuum
Alignment	Feinausrichtung von Deckglas und Substrat	-
	Härten des Klebstoffes unter Druck mit UV-Strahlung und/oder erhöhter Temperatur	-

- **Grundlegende Fertigungsparameter**

Parameter	Wert
Taktzeit	80 min
Verfügbarkeit	90 %
Produktionszeit	24 Stunden, 5 Tage

- **Substrate und Deckgläser**

Parameter	Typ	Dimension	Toleranz	Einheit
Substratgröße	Si-Wafer mit Flat	∅ 150	± 0,20	mm
Substratdicke		675	± 20	µm
Randausschluss		5		mm
Deckglasgröße	Glas-Wafer mit Flat	∅ 150	± 0,30	mm
Deckglasdicke		500 700 1100	± 25 ± 70 ± 100	µm µm µm
Substratgröße	Si-Wafer mit Flat oder Notch	∅ 200	± 0,20	mm
Substratdicke		725	± 20	µm
Randausschluss		5		mm
Deckglasgröße	Glas-Wafer mit Flat oder Notch	∅ 200	± 0,30	mm
Deckglasdicke		500 700 1100	± 25 ± 70 ± 100	µm µm µm

- **Fügeparameter**

Parameter	Dimension	Toleranz	Einheit
Umgebungsdruck beim Fügen	300	± 20	mbar
Erhöhte Temperatur	70	± 5	°C
UV-A Intensität	120	± 5	mW/cm^2
UV Peakwellenlänge	365	± 20	nm

- **Ausrichtungsgenauigkeit (Alignment)**

Parameter	Dimension	Einheit
Fehlausrichtung x-Richtung	± 0,5	µm
Fehlausrichtung y-Richtung	± 0,5	µm

Die Angaben zu Taktzeit und Verfügbarkeit der Maschine basieren auf den Anforderungen der gesamten OLED-auf-CMOS-Linie, zu welcher auch die OLED-Beschichtungsanlage gehört. Die OLED-Beschichtung und die Verkapselung dieser Substrate muss zeitnah aufeinander erfolgen (innerhalb 1–2 Tage) und eine fortlaufende Prozessierung sichergestellt sein.

Die zu verarbeitenden Substrate bzw. Wafergrößen resultieren im Wesentlichen daraus, dass die von Foundries bezogenen CMOS-Wafer fast ausschließlich einen Durchmesser von 200 mm (8 Zoll) besitzen. Für kostengünstigere Untersuchungen sollen auch Wafer mit 150 mm Durchmesser (6 Zoll) als kleinere Alternative genutzt werden können.

5.2 Möglichkeiten und Auswahl

Die Suche nach entsprechenden Herstellern für die spezifizierte Verkapselungsanlage brachte drei Firmen in die engere Auswahl: Applied Microengineering Ltd. (AML)[18], Electronic Vision Group (EVG)[19] und Süss MicroTec GmbH (SÜSS)[20]. Diese bieten professionelle Waferbonder und Waferaligner in verschiedenen Ausführungen an. Die Tabelle 5.1 fasst die zum Zeitpunkt der Auswahl verfügbaren Systeme dieser drei Hersteller zusammen.

[18]www.AML.co.uk
[19]www.EVGroup.com
[20]www.Suss.com

Tabelle 5.1 Anlagen zum justierten adhäsiven Waferbonden für die OLED-auf-CMOS-Verkapselung.

Hersteller	Applied Microengineering Ltd.	Electronic Vision Group	Süss MicroTec GmbH
Anlagensystem	AWB-08	EVG 520, EVG IQ 200 TN	MA/BA8, SB8e
Automatisierung	manuell	halb-automatisch	halb-automatisch
Taktzeit	Keine speziellen Taktzeiten. Alle Systeme erfüllen die Forderung von 80 Minuten.		
Substratgröße	150 mm und 200 mm Wafer	150 mm und 200 mm Wafer	150 mm und 200 mm Wafer
Umgebungsdruck beim Fügen	$1 \cdot 10^{-6}$ mbar … 2 bar	$1 \cdot 10^{-3}$ mbar … 3 bar	$1 \cdot 10^{-5}$ mbar … 3 bar
Temperaturhärtung	bis 560 °C	nicht möglich	bis 500 °C
UV-Strahlung	Abhängig von Strahler	280–450 nm, > 20 mW/cm^2	320–410 nm, > 20 mW/cm^2
Fehlpositionierung	< 2 µm	< 1 µm	< 3 µm
Prozessablauf	1. Wafer laden (Glas-Wafer durch Schrauben am Kammerdeckel festklemmen, CMOS-Wafer in Kammer legen) 2. Kammer schließen, Abpumpen, Parallelität der Wafer herstellen 3. Feinpositionierung 4. Fügen (Waferkontakt) 5. Nachpositionierung optional 6. Klebstoff mit UV-Strahlung oder Temperatur härten	1. Grobpositionierung und Wafer in Bonder laden (Haltevorrichtung mit Abstandshaltern) 2. Abpumpen 3. Fügen durch Entfernen der Abstandshalter 4. Waferstapel in Aligner laden 5. Feinpositionierung aufgrund noch nassem Klebstoff 6. Klebstoff mit UV-Strahlung härten	1. Grobpositionierung und Wafer in Aligner laden (Haltevorrichtung mit Abstandshaltern und Klemmen) 2. Laden in Aligner 3. Feinpositionierung bei Abstand der Wafer 4. Entladen des Waferstapels in geklemmtem Zustand und Laden in Bonder 5. Abpumpen 6. Fügen durch Entfernen der Abstandshalter 7. Klebstoff mit UV-Strahlung oder Temperatur härten

Die Anlage vom *AML* ist eine manuelle Anlage, bei der Mikromanipulatoren die Einstellung vieler Parameter, z. B. Waferabstand oder Feinpositionierung, übernehmen. Diese Anlage ist somit sehr flexibel in ihrem Einsatz. Das Halten des oberen Wafers ist mit kleinen Schrauben realisiert, die unter die abgerundete Waferkante greifen. Dadurch ist ein Positionieren der Wafer unter Beibehaltung ihres Abstandes zueinander und im Vakuum möglich. Die Ausrichtung der Wafer ist bis zum Härten des Klebstoffes immer durchführbar bzw. korrigierbar. Dieses Gerät befand sich zum Zeitpunkt der Recherche jedoch noch in der Entwicklung, weshalb auch keine Softwarelösung für Justiermarkenerkennung und automatischer Positionierung verfügbar war. Die Positioniermarken müssen aufgrund fixer Mikroskope an zwei definierten Positionen auf den Wafern liegen, was die Flexibilität einschränkt. Die UV-Härtung deckt systembedingt nur einen Kreisdurchmesser von etwa 170 mm des gesamten 200 mm Waferdurchmessers ab.

EVG bietet eine Kombination aus Bonder und Aligner, wobei der Letztere in der Lithografie seinen Einsatzort hat. Die im Bonder unter Vakuum gefügten Wafer erfahren ihre Feinpositionierung im Aligner bei noch flüssigem Klebstoff. Automatisches Finden der Justiermarken, die sich in einem großen Bereich auf den Wafern befinden dürfen, und ein selbständiges Positionieren der Wafer zueinander stellt die hohe Positioniergenauigkeit sicher. Die Härtung des Klebstoffes kann nur mit UV-Strahlung erfolgen, die eine Homogenität von 5 % über einen 200 mm Wafer aufweist. Ein Härten mit Temperatur ist nicht möglich.

Auch *SÜSS* bietet eine Kombination aus Bonder und Aligner, benötigt aber einen Transport des hochgenau positionierten Waferstapels vom Aligner zum Bonder. Dadurch kann die geforderte hohe Positioniergenauigkeit, auch mit Klemmen der Haltevorrichtung nicht gewährleistet werden. Die Härtung des Klebstoffes kann mit UV-Strahlung oder Temperatur im Bonder erfolgen.

Schlussendlich fiehl die Entscheidung auf das kombinierte System von EVG, da nur hier die hohe Anforderung an die Positioniergenauigkeit erfüllt werden konnte. Der Beschaffungsvorgang vom Beginn der Bedarfsmeldung bis zum unterschriebenen Abnahmeprotokoll dauerte ein knappes Jahr. Ein Abnahmetest (acceptance test), der im Folgenden beschrieben ist (Kapitel 5.3), stellte die geforderten Anlagengrenzen sicher.

5.3 Qualifizierung des Equipments

5.3.1 Übersicht

Nachdem die beiden Anlagen (Bonder EVG 520 und EVG IQ 200 TN) am Fraunhofer IPMS im Reinraum angeschlossen waren, erfolgte die Durchführung der Abnahmetests. Die folgenden Anlagenparameter sind dabei überprüft worden.

Wafer-Bonder	Wafer-Aligner
• Medieninstallation (Elektro, Druckluft, Kühlwasser, u. a.)	• Medieninstallation (Elektro, Druckluft, Vakuum, u. a.)
• Sicherheitstest	• Sicherheitstest
• Kontaktkraft und Mechanik der Abstandshalter	• Positioniereinheit
	• Optische Mikroskope
• Kammerdruck	• UV-Strahlungsquelle
• Temperatur	• *Prozesstest Insitu Topside Alignment*

Es folgt nun eine detaillierte Beschreibung des Prozesstests für die OLED-Waferverkapselung (*Prozesstest Insitu Topside Alignment*), da hier die entscheidenden Eigenschaften zur Prozessnutzbarkeit überprüft werden sollten. Die anderen Anlagentests sind erfolgreich geprüft worden und in dieser Arbeit nicht weiter dargestellt.

5.3.2 Prozesstest Insitu Topside Alignment

Waferdesign

Für diesen Teil der Abnahme sind 5 Waferpaare aus je Quarz und Silizium mit einem Durchmesser von 200 mm erforderlich. Jeweils beide Wafer benötigen Strukturen, um zum einen ein Positionieren zu ermöglichen und zum anderen die erzielte Positioniergenauigkeit festzustellen. Dazu erhalten beide Wafer eine strukturierte Metallschicht nach folgendem Ablauf.

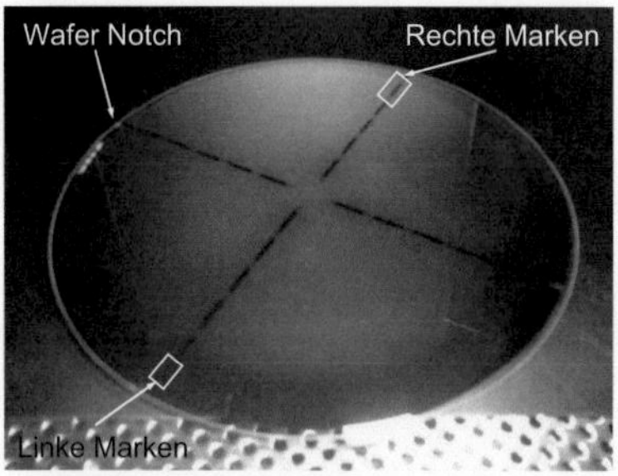

(a) Gesamter Quarz-Wafer, gesehen von der metallisierten Seite (linke und rechte Marke auf gebondetes Waferpaar bezogen).

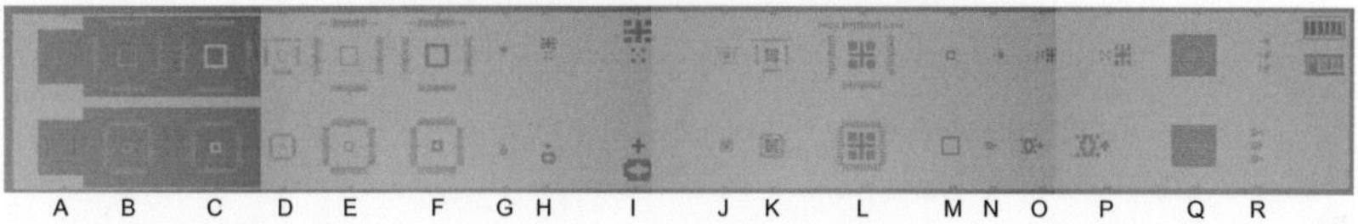

(b) Wiederholte Einzelstruktur auf Quarz- und Silizium-Wafer mit Positionier- und Überprüfungsmarken (Nummerierung von links nach rechts „A“ bis „R“).

Abbildung 5.1 200 mm Wafer mit strukturierter Metallschicht für Prozessabnahme der Waferverkapselungsanlagen.

Quarz-Wafer	Silizium-Wafer
• Abscheiden TiN auf Rückseite (150 nm)[21] • Abscheiden Metall (500 nm AlCu, 50 nm TiN) auf die Vorderseite • Fototechnik mit Maske (Stepper) • Ätzen Metall • Reinigen • Abscheiden Oxid (200 nm PSG[22]) • Ätzen nass-chemisch TiN auf Rückseite	• Abscheiden Oxid (700 nm USG[23]) • Abscheiden Metall (500 nm AlCu, 50 nm TiN) • Fototechnik mit Maske (Stepper) • Ätzen Metall • Reinigen

Die Abbildung 5.1 zeigt das Gesamtlayout eines Wafers, welches in Form eines Kreuzes die Positioniermarken und Überprüfungsstrukturen enthält.

Durchführung

Jedes Paar der Quarz- und Silizium-Wafer wurde folgender Behandlung unterzogen, um ein positioniertes gefügtes Waferpaar zu erhalten.

1. Plasmabehandlung Quarz-Wafer zur Reinigung und Oberflächenaktivierung
2. Sprühbelackung mit verdünntem Klebstoff-Lösemittel-Gemisch
3. Temperung (Entweichen Lösemittel, reine Klebstoffdicke ca. 9 µm)
4. Randentlackung
5. Vorjustage an Stiften und Fügen (Bonden) der Wafer im Bonder
6. Fein-Positionieren beider Wafer zueinander im Aligner anhand von Positioniermarken (siehe Abbildung 5.2(a)). Dabei schauen optische Mikroskope mit einer 10-fachen Vergrößerung von oben durch den Quarz-Wafer auf die übereinanderliegenden Positionierstrukturen.
7. Belichtung mit UV-Strahlung (Klebstoff härten)

Auswertung

Die anhand der Positioniermarken ausgerichteten und gefügten Waferstapel wurden bezüglich ihrer Positioniergenauigkeit untersucht. Dazu dienten Noniusstrukturen, die durch ein optisches Mikroskop betrachtet wurden und in Abbildung 5.2(b) dargestellt sind. Die Funktion dieser fingerartigen Strukturen ist ähnlich einem Messschieber, bei welchem genau gegenüberliegende Teilungen einem bestimmten Versatz entsprechen. Das Beispiel in Abbildung 5.2(c) zeigt einen Versatz um etwa -0,1…-0,15 µm, da die zweite bzw. dritte Teilung unterhalb der Mitte (längste Teilung) zueinander passen und pro Teilung ein Versatz von 0,05 µm entspricht. Die Noniusstrukturen an gegenüberliegenden Waferrändern links und rechts wurden vermessen (siehe Abbildung 5.1(a)).

Ergebnisse

Abbildung 5.3 zeigt die von den Noniusstrukturen „E“ mit 0,1 µm Teilung abgelesenen Fehlpositionen. Alle insgesamt sieben Waferpaare lagen innerhalb der spezifizierten Positioniergenauigkeit von 1 µm. Dem Diagramm a) ist zu entnehmen, dass der Versatz in x-Richtung etwas mehr in positiver Richtung liegt, wohingegen in y-Richtung bis auf einen Messpunkt alle anderen Marken einen negativen Versatz

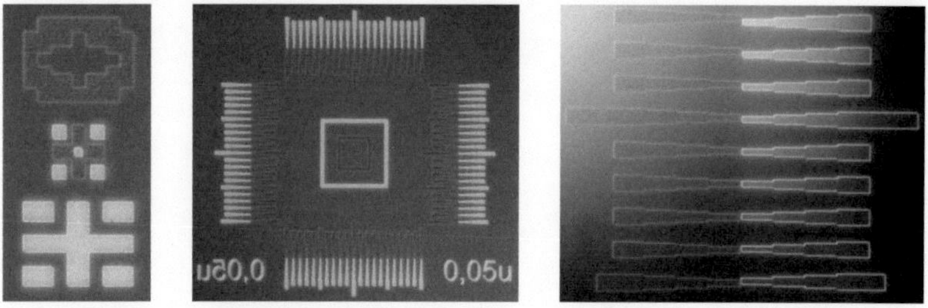

(a) Positioniermarke „G“ mit einer Breite von 80 µm.

(b) Überprüfungsmarke „D“ mit einer Gesamtgröße von 725 µm und einer Unterteilung von 0,05 µm und damit max. 0,5 µm Versatz messbar.

(c) Detail der Überprüfungsmarke „D“, die einen Versatz von -0,1…-0,15 µm anzeigt (zweiter bzw. dritter Nonius unterhalb der Mittenposition).

Abbildung 5.2 Strukturierte Metallmarken auf gefügten Quarz- und Silizium-Wafern. Weiße Strukturen auf Quarz-Wafer (liegen oben auf) und dunkle Strukturen auf Silizium-Wafer. Die Strukturen sind durch die sehr dünne Klebstoffschicht (dünner als 10 µm) voneinander getrennt, was ein gutes Fokussieren ermöglicht.

aufweisen. Dies kann zum Beispiel an den trainierten Marken der Aligner-Software liegen, die in ihrem Positionierursprung korrigiert werden können, um einen solchen systematischen Versatz zu vermeiden.

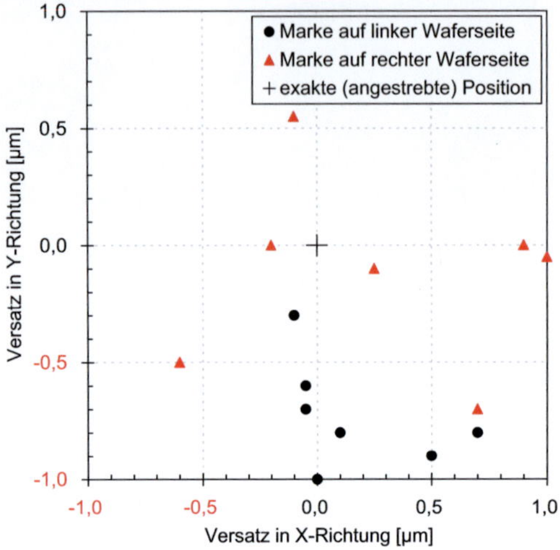

(a) x-y-Versatz.

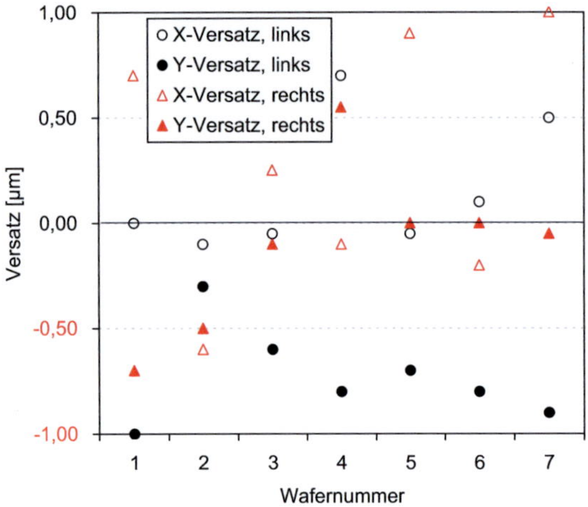

(b) Trennung nach Wafer.

Abbildung 5.3 Fehlpositionierung der Marken von Quarz- und Silizium-Wafer zueinander, wobei jeweils rechte und linke Marken auf dem Wafer betrachtet sind.

6 Technologieentwicklung

Die Prozessanlagen stehen im Reinraum zur Verfügung und ihre grundlegende Funktion ist sichergestellt. Dieses Kapitel stellt die Entwicklung einer Technologie dar, die mithilfe dieser Anlagen umgesetzt wird. Zuerst wird der prinzipielle Prozessfluss vorgestellt. Im zweiten Kapitelteil wird die Untersuchung und Verbesserung einzelner Prozessschritte im Detail dargestellt.

6.1 Prozessfluss: Vom Substrat zum Display

In Abbildung 6.1 ist der gesamte prinzipielle Ablauf der OLED-auf-CMOS-Verkapselung dargestellt. Einzelne Teilschritte sind an Ideen aus [Mic04] angelehnt und konkretisiert bzw. weiterentwickelt worden und partiell in [Sch08a, Tec09, GWng, FSH+11] veröffentlicht. Folgende Schritte werden durchgeführt:

- **CMOS-Wafer mit OLED**. Der erste Ausgangspunkt für den Verkapselungsprozess ist ein Silizium-Wafer, in diesem Fall mit einem Durchmesser von 200 mm. Dieser wird in einer entsprechenden externen Foundry bearbeitet, die CMOS-Schaltkreise, Metallverdrahtungsebenen und Kontaktflächen, sog. bond pads, für die spätere elektrische Kontaktierung des Chips herstellt. Die oberste Metallschicht bildet die Bildpunktmatrix für die Mikrodisplaybildfläche. In der schematischen Darstellung in Abbildung 6.1 sind an zwei gegenüberliegenden Chipseiten die Kontaktflächen jeweils als Reihe angeordnet.

  Nach einer Reinigung von Partikeln und dem Entfernen von Schutzlack erfolgt das Ausheizen des Wafers bei 130 °C für 1 h, um oberflächlich gebundenes Wasser und Lösungsmittel wie Isopropanol und Aceton zu entfernen. Nach dem Einschleusen in die OLED-Beschichtungsanlage wird die Waferoberfläche 5 Minuten lang unter Hochvakuum mit einem Argon-Sauerstoff-Plasma ge-

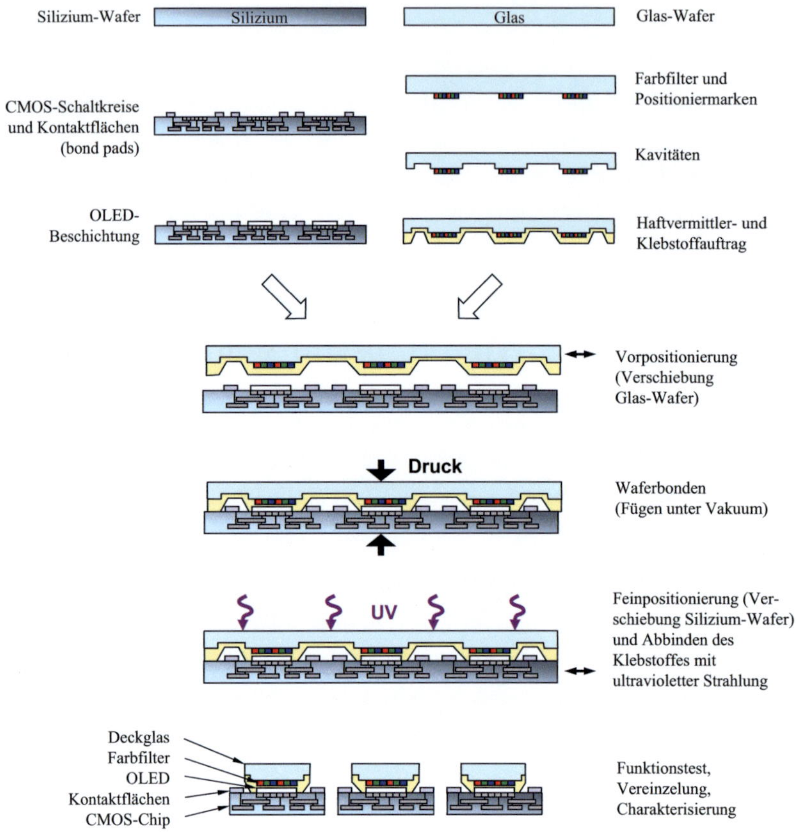

Abbildung 6.1 Prozessfluss der OLED-auf-CMOS-Waferverkapselung im Querschnitt.

reinigt. Dabei werden Oxidschichten entfernt und somit die Metalloberfläche für die OLED-Beschichtung vorbereitet. In den nächsten Schritten wird der Schichtstapel der organischen Leuchtdiode (siehe Abschnitt 2.1.2) erzeugt, wobei jeweils eine gesamte Bildpunktmatrix mit einem zusammenhängenden unstrukturierten Schichtstapel beschichtet wird. Jeder Bildpunkt besitzt folglich die gleiche OLED-Farbe, in diesem Fall Weiß. Abschließend erfolgt der Auftrag einer Dünnschichtbarriere, die als Schutz gegen Sauerstoff und Wasser wirkt.

- **Verkapselungswafer**. *Farbfilterstruktur*: Parallel zum OLED-Wafer wird der zweite Ausgangspunkt, der Verkapselungswafer ebenfalls extern präpariert. Dies beginnt mit einem blanken Glas-Wafer von 0,7 mm Dicke, worauf zuerst eine transparente Oberflächenplanarisierung aufgeschleudert wird. Es schließt sich das Aufschleudern der Farbfilterschichten an, welche über Lithografie strukturiert werden. Dies geschieht für jede Farbe separat. Bei roten, grünen und blauen Filtern sind das drei Durchläufe. Danach erhält der Farbfilter-Wafer eine transparente aufgeschleuderte Planarisierungsschicht, um eine glatte Oberfläche zu erhalten.

  Strukturierung mit Kavitäten: Die Strukturierung des Verkapselungswafers in seiner Oberflächenhöhe ist notwendig, um bei dieser Technologie die Klebstofffreiheit der Kontaktflächen für die spätere elektrische Kontaktierung des Mikrodisplays sicherzustellen. Zu diesem Zweck kommen Kavitäten zum Einsatz, die durch eine Wafersäge in den Glas-Wafer eingebracht werden. Eine zuvor aufgebrachte Polymerschicht schützt dabei die Farbfilter; diese wird nach dem Sägen wieder entfernt. Eine Lösungsmittelreinigung und ein Ausheizen bei 130 °C für 1 h schließt sich an.

- **Klebstoffauftrag**. Vor dem Klebstoffauftrag wird ein Haftvermittler aufgetragen, der die Adhäsion zwischen Epoxidharzklebstoff und der Oberflächenplanarisierung des Farbfilter-Wafers aus Polyamid erhöht. Anschließend wird ein Klebstoff-Lösungsmittel-Gemisch durch Sprühen auf den gesamten Glas-Wafer, außerhalb und innerhalb der Kavitäten, mit einer homogenen Schichtdicke von 5–10 µm aufgebracht. Das Lösungmittel ist dabei für die Reduzierung der Viskosität notwendig. Durch eine Temperung bei ca. 100 °C für einige Minuten verflüchtigt sich das Lösungsmittel, welches sonst die dünnen organischen Schichten der OLED beschädigen kann.

(a) Waferbonder EVG520.

(b) Waferträger mit OLED-Wafer (links) und OLED-Wafer mit aufgesetztem Farbfilter-Wafer (rechts). Bezeichnete Teile: 1 – Anschlagstift, 2 – Anschlagstift für Waferkerbe, 3 – beweglicher Anschlagstift, 4 – konische Teflon-Abstandshalter.

Abbildung 6.2 Anlagentechnik und Werkzeug für adhäsives Waferbonden.

- **Vorpositionierung**. Die Heirat von OLED- und Farbfilter-Wafer erfolgt nun durch das adhäsive Waferbonden. Der OLED-Wafer liegt auf einem Träger, dem sog. Chuck, wobei drei Anschlagspunkte die mechanische Grobpositionierung an den Waferkanten sicherstellen (siehe Abbildung 6.2(b)). Die Winkelausrichtung erfolgt über die Waferkerbe (Notch). Drei konische Abstandshalter aus Teflon mit einer mittleren Dicke von 500 µm sind am Waferträger fixiert und werden nun über dem Waferrand positioniert. Der Farbfilter-Wafer wird von einer Vakuumpinzette gehalten und wird mit der mit Klebstoff beschichteten Seite nach unten auf die drei Abstandshalter gelegt. Auch hier erfolgt die Waferpositionierung über dieselben Stifte. Nun sind beide Wafer im Abstand zueinander anhand ihrer Kanten vorpositioniert und die Kavitäten des Verkapselungswafers zu den Anschlussflächen der Chips hin ausgerichtet. Ist dies nicht der Fall, kontaminiert Klebstoff die Kontaktflächen und das spätere Drahtbonden der Einzelchips wird behindert.
- **Waferbonden**. Der Träger mit den beiden Wafern wird nun in die Vakuumkammer des Waferbonders (siehe Abbildung 6.2(a)) eingelegt. Nach dem Schließen findet die Evakuierung auf einen Druck von 10^{-2} mbar statt. Es folgt das gleichzeitig pneumatische Entfernen von allen drei Abstandshaltern.

Dadurch fällt infolge der Schwerkraft der Verkapselungswafer auf den OLED-Wafer. Jetzt fährt die obere Druckplatte herunter und drückt auf den gefügten Waferstapel. Danach bewegt sich die Druckplatte wieder nach oben und die Kammer wird belüftet, geöffnet und der gebondete Waferstapel entnommen.

- **Feinpositionierung**. Die Feinjustage der beiden Wafer erfolgt im Aligner (siehe Abbildung 6.3(a)) und beginnt mit einer Keilvermessung, die die Lage von oberer und unterer Waferaußenfläche zueinander bestimmt (Keilfehler). Anschließend wird der Waferstapel auf die Bühne geladen und die Bühne fährt mit dem Stapel in Kontakt mit der oberen Quarzplatte. Diese fixiert jetzt den Verkapselungswafer mit Vakuum, wobei ohne Keilfehlerausgleich durch die Bühne eine teilweise Delamination der Wafer das Resultat wäre.

  Durch zwei Mikroskope mit je einem 10-fach vergrößerndem Objektiv ist eine hochgenaue Justage der Strukturen mit der Sicht von oben durch die Quarzplatte und den Verkapselungswafer möglich (siehe Abbildung 6.3(b)). Mit dem Aligner-System werden diese Strukturen der Positioniermarken erfasst, deren Bildbereiche für die automatische Formenerkennung definiert und die entscheidenden Justierpunkte (sog. origin) festgelegt. Daraufhin verschiebt die Bühne den OLED-Wafer gegenüber dem feststehenden Verkapselungswafer. Manuelles Positionieren kann die geforderte Genauigkeit weniger als 1 µm nicht erreichen, weshalb das automatische Verfahren mit Bilderkennung der Positioniermarken Anwendung findet. Diese Feinpositionierung durch das geringfügige Verschieben ist zu diesem Zeitpunkt möglich, da der Klebstoff noch nicht abgebunden und damit noch flüssig ist.

- **Abbinden des Klebstoffes**. Der verwendete Klebstoff XNR 5542 (siehe Abschnitt 9.3.5) ist ein kationisch härtender Expoxidharzklebstoff mit Photoinitiator. Nachdem die Mikroskope zur Seite gefahren wurden, bestrahlt die UV-Lampe des Aligners mit ca. $21\,\mathrm{mW/cm^2}$ bei 365 nm Peakwellenlänge für 5 min von oben den Waferstapel und härtet somit den Klebstoff. Dieses Vorgehen sichert die hohe Genauigkeit, da direkt nach der Justage mit Fixierung und ohne weitere Waferbewegung der Klebstoff abbindet. Nach der Entnahme des Waferstapels aus dem Aligner ist die Verkapselung abgeschlossen und der Schutz des OLED-Bauelementes vollständig.

- **Freistellen Kontaktflächen**. In diesem Zustand sind die Bauelemente und die Kontaktflächen geschützt. Es schließt sich nun das Freistellen der

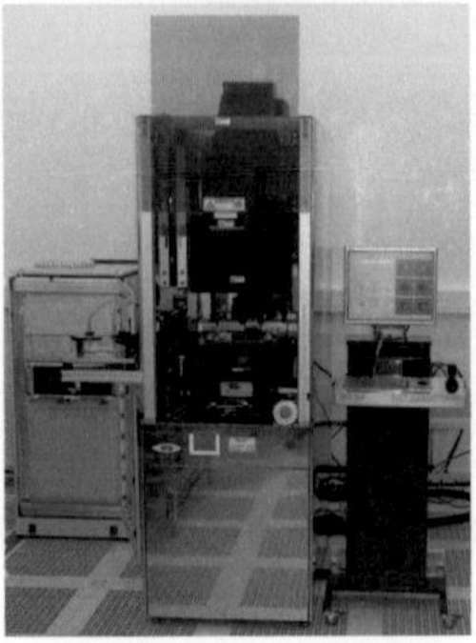

(a) Waferaligner IQ Aligner.

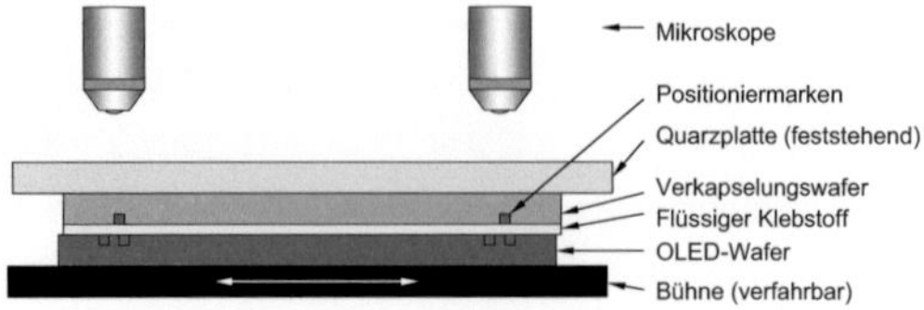

(b) Schematische Anordnung der Waferfeinpositionierung, wobei der Verkapselungswafer durch die Quarzplatte fixiert ist (Vakuum) und die Bühne den OLED-Wafer positioniert. Die flüssige Klebstoffzwischenschicht ermöglicht diese Verschiebung.

Abbildung 6.3 Feinpositionierung mit Waferalignment.

Kontaktflächen an, um die Bauelemente elektro-optisch zu charakterisieren. Die automatische Wafersäge DFD651 (siehe Abschnitt 9.2.8) entfernt mit einem 1 mm breiten Glassägeblatt das Glasmaterial direkt oberhalb der Kavitäten.

- **Charakterisierung und Vereinzelung**. Für ein schnelles Testen der Bauelemente ist die Durchführung auf Waferebene notwendig, wobei ein Prober (Firma SÜSS MicroTec) mit einer Nadelkarte (Firma HTC) die elektrischen Anschlüsse eines Bauelementes zeitgleich kontaktiert. Der Tester (Firma Advantest) gibt nun entsprechende Ansteuersignale auf die einzelnen Eingänge, worauf das Display mit bestimmten elektrischen und optischen Ausgaben reagiert. Die optischen Ausgaben nimmt ein Kamerasystem LMK 98-4 der Firma TechnoTeam auf.

  Die Vereinzelung des Waferverbundes in Einzelchips erfolgt entlang der Kavitäten mit einem Silizium- und in senkrechter Richtung mit einem Glas-Silizium-Kombinationssägeblatt auf der erwähnten Wafersäge.

6.2 Prozessentwicklung

6.2.1 CMOS-Wafer

Für das spätere Fügen von CMOS-Wafer und Glas-Wafer ist es erforderlich, dass beide Wafer parallel zueinander verlaufen, da die sehr dünne Klebstoffschichtdicke von 5–10 µm nur geringe Lageabweichungen ausgleichen kann. Die Spezifikation der blanken Silizium-Wafer vor der CMOS-Herstellung ist folgendermaßen definiert:

Dicke (TTV – total thickness variation)	$\leq$ 3,5 µm
Durchbiegung (wafer bow)	$\leq$ 30 µm
Verzug (wafer warp)	$\leq$ 30 µm

Nachdem die Schaltkreise auf dem Silizium-Wafer appliziert sind, wird mithilfe eines Oberflächenmesssystems µSurf auf Basis der konfokalen Mikroskopie (siehe Abschnitt 9.2.9) die Oberfläche vermessen, wobei der Wafer auf einer Granitoberfläche ohne Spannung oder Vakuumansaugung liegt. Das Messergebnis zwei verschiedener CMOS-Wafer stellt Abbildung 6.4(a) dar. Beide Wafer weisen mit der aktiven Seite nach oben gerichtet eine konvexe Form mit einer Erhöhung der Mitte in Bezug zum Rand auf. Die Höhenunterschiede liegen bei 40 µm (775–815 µm) und 30 µm (735–765 µm). Diese Messungen zeigen, dass es beim Waferbonden mit der dünnen Klebstoffschicht (5–10 µm) unter Umständen nicht zu einem Kontakt zwischen Deckglas- und CMOS-Wafer kommen kann, wenn im Randbereich der Abstand beider Wafer zu groß ist.

Auch die Höhenvariation in mikroskopisch-lateralem Maßstab ist wichtig und wurde ebenfalls durch ein konfokales Mikroskop (siehe 9.2.9) vermessen. Jeweils ein Bauelement der gerade erwähnten unterschiedlichen CMOS-Wafer zeigt Abbildung 6.4(b). Die maximalen Höhenunterschiede der beiden Chips sind mit 7,5 µm (Projekt iSTAR) und 5 µm (Projekt HYPOLED) sehr klein und liegen zwischen Ritzgraben und Chipfläche. Die aktive Chipfläche ist die höchste Erhebung des Chips und bildet eine homogene Ebene mit etwa 3 µm Höhendifferenzen für das Bonden. Den Höhenausgleich übernimmt der Klebstoff mit 5–10 µm Dicke.

Für die Reinigung der CMOS-Wafer-Oberfläche vor der OLED-Beschichtung kommen zwei verschiedene Prozeduren zum Einsatz.

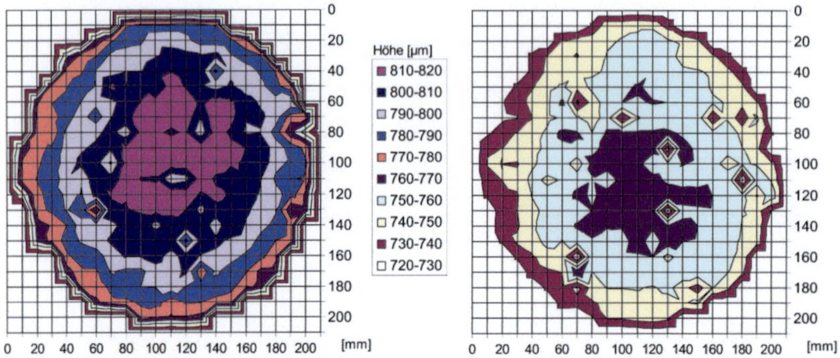

(a) Gesamte CMOS-Wafer.

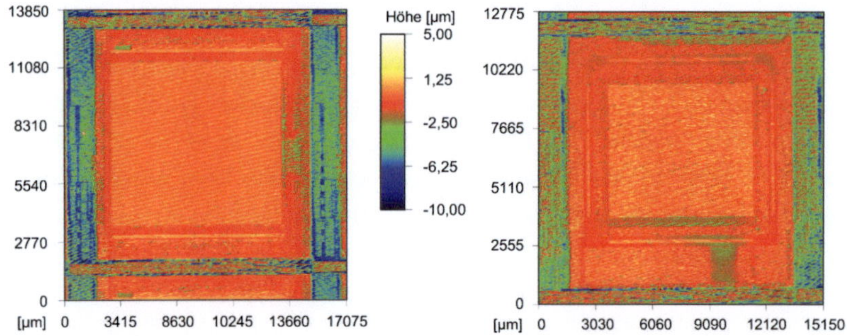

(b) Einzelne Chips.

Abbildung 6.4 Oberflächentopografie von zwei verschiedenen CMOS-Wafern (a), vermessen mit konfokalem Mikroskop: links: M20071-5 (Projekt iSTAR), rechts: M17393-11 (Projekt HYPOLED) und jeweils eines einzelnen Mikrochips (b).

Reinigung 1:	Spülen mit Ethylendiamin ($C_6H_8N_2$), Aceton, Isopropanol, deionisiertem Wasser, Trocknung mit Stickstoff
Reinigung 2:	Vorspülen mit Aceton, Nachspülen Aceton, Isopropanol, Trocknung mit Stickstoff

Besitzen die CMOS-Wafer nach ihrer Lieferung Schutzlack, um Beschädigungen beim Transport vorzubeugen, wird das Verfahren gemäß Reinigung 1 durchgeführt. Das stark basische wasserlösliche Lösungsmittel Ethylendiamin ($C_6H_8N_2$) löst den Lack und entfernt ihn, anhaftende Partikel und Verunreinigungen von der Oberfläche. Anschließend entfernt Aceton die Lösungsmittelrückstände und die Isopropanolspülung verhindert die Schlierenbildung durch verunreinigtes Aceton. Ist kein Schutzlack auf den CMOS-Wafern appliziert, wird nach Reinigung 2 vorgegangen. Aceton löst dabei organische Verunreinigungen und nimmt die an der Oberfläche anhaftenden Partikel auf. Die Nachspülung mit Aceton entfernt eventuelle Verunreinigungsreste und Isopropanol unterbindet Schlierenbildung.

Anschließend erfolgt bereits in der OLED-Beschichtungsanlage (siehe Abschnitt 9.2.10) eine Argon-Sauerstoff-Plasmabehandlung mit folgenden Parametern:

Kammerdruck:	$4 \cdot 10^{-3}$ mbar
RF-Power:	300 W
Zeitdauer:	300 s
Argon-Gasfluss:	20 sccm (standard cubic centimeter per minute)
Sauerstoff-Gasfluss:	20 sccm

Die Kontaktwinkel der Metalloberflächen wurden bestimmt, um eventuelle Haftungsprobleme bei der OLED oder dem Klebstoff zu erkennen. Tabelle 6.1 stellt die Ergebnisse zusammen. Erkennbar ist, dass beide Reinigungsprozeduren den Kontaktwinkel reduzieren und die nachfolgende Plasmareinigung eine vollständige Benetzung der Oberfläche mit deionisiertem Wasser zur Folge hat (Spreitung), was für die aufzubringenden Schichten eine sehr gute Voraussetzung bildet.

An die Reinigung und die Plasmabehandlung des CMOS-Wafers schließt sich die Abscheidung des OLED-Schichtstapels an (siehe Abschnitt 2.1.2). Nachdem dieser Schichtstapel aufgebracht ist, soll eine Dünnschichtverkapselung eine erste Barriere gegen Sauerstoff und Feuchtigkeit bilden, um die Verkapselung mit einem Glas-Wafer an Umgebungsatmosphäre durchführen zu können. Obwohl es geplant war, stand bis zum Abschluss dieser Arbeit leider keine funktionstüchtige Prozessanlage mit nutzbarer Technologie zur Verfügung. Aus diesem Grund musste auf die

Tabelle 6.1 Kontaktwinkel gereinigter CMOS-Metalloberflächen aus Al. Die Kontaktwinkel sind jeweils der Mittelwert aus fünf Messwerten optisch gemessen mit dem Kontaktwinkelmessgerät OCA 30 (siehe Abschnitt 9.2.1).

Oberflächenzustand	Kontaktwinkel [°]
nach CMOS-Fertigung	88 ±0,4
Reinigung 1	63 ±3,1
Reinigung 1, Plasmabehandlung	Spreitung
Reinigung 2	39 ±3,5
Reinigung 2, Plasmabehandlung	Spreitung

Dünnschichtverkapselung verzichtet und ein alternativer Weg gefunden werden, um diese Prozesslücke zu umgehen. Der Umweg über manuelles Bonden von CMOS- und Verkapselungswafer muss daher in trockener Stickstoffatmosphäre erfolgen, ohne dass die OLED-Bauelemente nach deren Herstellung Kontakt zur Umgebungsluft bekommen. Dieses Vorgehen ist in Abschnitt 6.2.5 beschrieben.

6.2.2 Verkapselungswafer mit Farbfilter

Die Glas-Wafer mit Farbfilterstrukturen werden extern bei Toppan Printing Co. (Japan) hergestellt. Die Erzeugung der erforderlichen Kavitäten kann hier mit einem Randausschluss von etwa 5 mm durchgeführt werden, womit diese Kavitäten nicht bis an die Waferkante verlaufen. Dies hat den Vorteil, dass nach dem Waferverkapselungsvorgang die Anschlussflächen geschützt sind, bis eine Weiterverarbeitung geschieht. Dadurch ergibt sich aber auch die Notwendigkeit einer Kavität zum Druckausgleich, die z. B. senkrecht zu den Kavitäten verläuft und damit alle miteinander verbindet. Auf einer Seite liegt diese Lüftungskavität ohne verbleibenden Rand im Waferrandbereich (nach außen offen), wodurch Druckunterschiede, wie das Belüften nach dem Waferbonden im Vakuum, ausgeglichen werden können.

Die Strukturierung der Chrom- und Farbfilterschichten erfolgt fotolithografisch an einem Wafer-Stepper mit Belichtung durch eine Maske hindurch. Auch hier ist die Positionierung dieser Strukturen zum Waferrand entscheidend. Diese sogenannte Erstbelichtungsgenauigkeit (first print alignment accuracy) liegt für Stepper bei einem Wert bis etwa 800 µm und spielt für die CMOS-Fertigung keine große Rolle. Aber der so entstehende Versatz von Verkapselungs- zu CMOS-Wafer ist ein

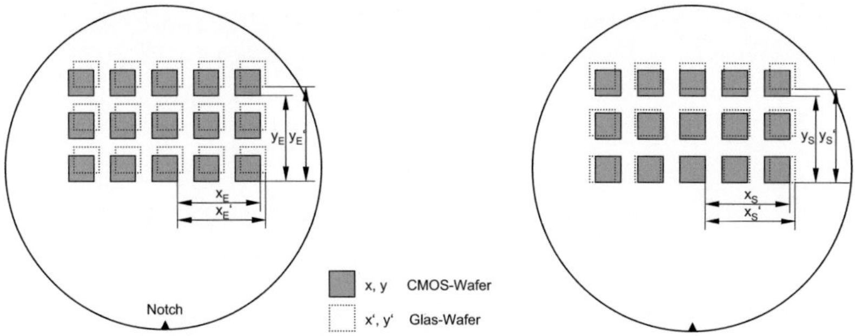

(a) Erstbelichtungsversatz.

(b) Versatz durch unterschiedliches Steppmaß.

Abbildung 6.5 Fehlpositionierung der Strukturen des Verkapselungswafers zum CMOS-Wafer.

Problem für die Klebstofffreiheit der Anschlussflächen (Abbildung 6.5(a)).

Die Ungenauigkeit für die Positionierung der anderen Belichtungsstellen (Chips) nach der Erstbelichtung liegt im Bereich < 30 nm. Das Schrittmaß (pitch) zum nächsten Chip ist durch das Wafermap eindeutig festgelegt. Es kann jedoch bei Verkapselungs- und CMOS-Wafer unterschiedlich sein, da sie nicht dieselbe Maschine (stepper) zur Herstellung verwenden. Eine zunehmende Fehlpositionierung der Chips zum Waferrand ist die Folge (Abbildung 6.5(b)).

Die beiden beschriebenen Versatzprobleme lassen sich z. B. mit einem Kalibrierwafer reduzieren bzw. vermeiden. Dazu ist folgender Ablauf sinnvoll (stepper matching):

1. Vermessen eines CMOS-Wafers.
2. Berechnung des zusätzlichen Verschiebungswertes für die Erstbelichtung und für das Schrittmaß der Strukturen des Verkapselungswafers.
3. Herstellung von Verkapselungswafern mit strukturierter Chromschicht, die verschiedene Verschiebungswerten besitzen.
4. Vergleich der Passgenauigkeit von CMOS- zu den Verkapselungswafern.
5. Übernahme der besten zusätzlichen Verschiebungswerte für die Verkapselungswaferherstellung.

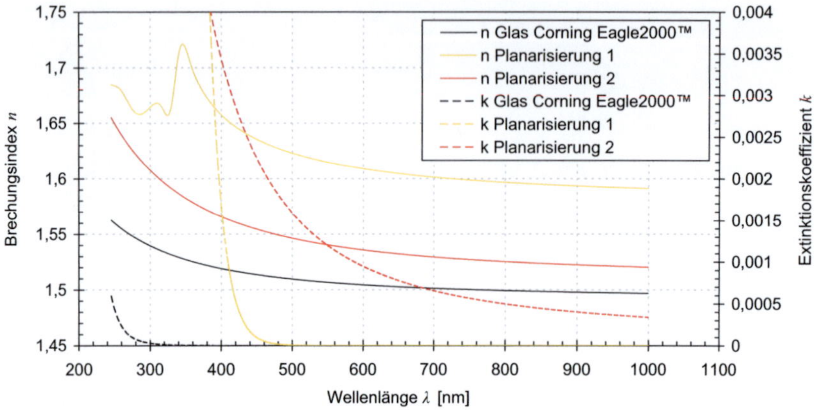

Abbildung 6.6 Komplexe Brechungsindizes n und k des Glas-Wafers aus Corning Eagle2000™ und der beiden Planarisierungsschichten.

Der Schichtaufbau des Verkapselungswafers mit Farbfilter ist folgender:

Schicht	Material
Planarisierung 2	Acrylharz
Farbfilter Rot, Grün und Blau	Photoresist mit Farbstoffen
Metall	Chrom
Planarisierung 1	transparenter Resist
Substrat	Glas Corning Eagle2000™

Der Verkapselungswafer mit Farbfilter besteht aus dem Glasmaterial Corning Eagle2000™. Die komplexen Brechungsindizes des blanken Glases und der Planarisierungsschichten (Abbildung 6.6) wurden durch ein Ellipsometer (siehe Abschnitt 9.2.3) bestimmt.

Die Oberflächenrauigkeit der 0,9 µm dicken Schicht *Planarisierung 2*, auf welche der Klebstoff später aufgetragen wird, ist mit einem Atomkraftmikroskop (AFM – atomic force microscopy, siehe Abschnitt 9.2.7) vermessen worden. Die Ergebnisse sind in Abbildung 6.7(a) dargestellt. Die Oberfläche ist mit einer Rauigkeit von $R_a = 0{,}3\,\mathrm{nm}$ und Spitzen bis $R_{max} = 3{,}1\,\mathrm{nm}$ sehr glatt.

Da diese Schicht aus Acrylharz besteht, wird zur Verbesserung der Klebeigenschaften ein Haftvermittler eingesetzt. Der verwendete Haftvermittler AP-3000 (Dow Chemical Company) ist für Epoxidharze, wie z. B. Benzocyclobuten (BCB), geeignet und erhöht die Bruchenergie an der Grenzschicht zwischen Untergrund und Klebstoff [ISJH$^+$99]. Die ellipsometrische Vermessung der aufgeschleuderten

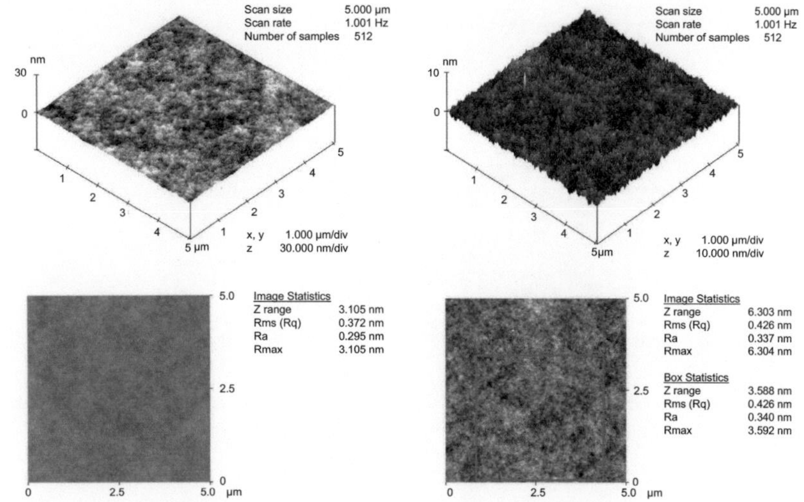

(a) Ohne Haftvermittler. (b) Mit Haftvermittler.

Abbildung 6.7 Oberflächenrauigkeit der Planarisierungsschicht 2 auf dem Glas-Wafer mit Farbfilter.

haftvermittelnden Schicht ergab nach Anpassung der Messwerte an die Modellrechnung eine Schichtdicke von ca. 1 nm, was etwa einer Monolage entspricht. Abbildung 6.7(b) zeigt die Rauigkeit der Oberfläche des Haftvermittlers AP-3000, welche mit $R_a = 0{,}34\,\text{nm}$ und Spitzen bis $R_{max} = 3{,}6\,\text{nm}$ unwesentlich rauer ist.

Die Vermessung des Kontaktwinkels ergab 76° ohne Haftvermittler und 65° mit Haftvermittler. Dafür wurden fünf Tropfen deionisiertes Wasser auf die Oberfläche nebeneinander getropft, die Tropfenform analysiert, der Kontaktwinkel bestimmt und das arithmetische Mittel berechnet. Durch den Haftvermittler kann somit eine bessere Benetzung als auf der blanken Planarisierungsschicht erreicht werden.

Nachdem der Verkapselungswafer mit den Farbfilter- und Planarisierungsschichten hergestellt wurde, ist die Kenntnis über dessen Verbiegung notwendig. Auch hierfür wurde ein konfokales Mikroskop verwendet, welches die in Abbildung 6.8 gezeigten Messergebnisse lieferte. Parallel dazu wurde der Verkapselungswafer mit einer Mikrometermessuhr an 4 Positionen des Waferrandes vermessen. Das Ergebnis lieferte eine mittlere Waferdicke von 675,5 ±0,5 µm. Das Höhenprofil des Konfokalmikroskopes zeigt, dass diese Messmethode für Glas nicht nutzbar

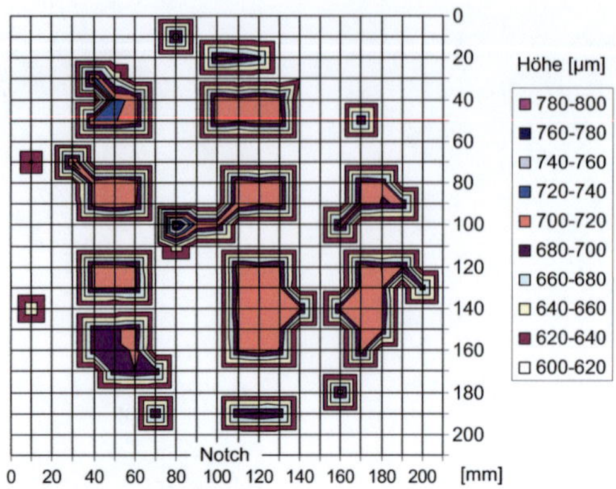

Abbildung 6.8 Oberflächentopografie eines Verkapselungswafers mit Farbfilterstrukturen vermessen mit konfokalem Mikroskop. Wafernummer: F-4-09

ist, da viele Messwerte nicht im Zielgebiet liegen und davon ausgegangen werden muss, dass nicht ausreichende Reflexionen an der Oberfläche zu diesem Resultat führen. Die relevanten Messwerte liegen etwa bei 700–720 µm und zeigen - im Gegensatz zu den CMOS-Wafern - keine erkennbare radiale Abhängigkeit, was das adhäsive Waferbonden mit dünner Klebstoffschicht nicht beschränkt. Sichere Aussagen über die Waferverbiegung könnten erzielt werden, indem der Verkapselungswafer gleichzeitig beidseitig mit Metall beschichtet wird und danach mit dem Konfokalmikroskop vermessen wird. Dabei ist jedoch fraglich, inwieweit die Beschichtung durch Temperaturvorgänge die Waferverbiegung ändert.

6.2.3 Verkapselungswafer ohne Farbfilter

Für die Technologieanwendung sollen auch Glas-Wafer ohne Farbfilter zum Einsatz kommen. Die Anwendungsmöglichkeiten sind z. B. monochrome Mikrodisplays in Projektoren mit hoher Leuchtdichte oder auch Vollfarb-Mikrodisplays mit (größeren) strukturierten Pixeln, die in den Einzelfarben Rot, Grün, Blau emittieren und keiner Farbfilter bedürfen.

Da hier die Herstellung mikrostrukturierter Farbfilter nicht erforderlich ist, können diese Glas-Wafer ohne Farbfilter selbst hergestellt werden. Dabei geht es um die Oberflächenformung, um klebstofffreie Kontaktflächen herzustellen. Die alternative Verwendung von Durchbrüchen, also Löchern, ist nachteilig für die

Waferstabilität und erschwert zusätzlich die Handhabung mit Vakuumpinzetten. Weiterhin bedingt eine maskenlose Klebstoffbeschichtung die Kontamination der Waferauflage, da das Beschichtungsmaterial durch die Löcher dringt, woraus sich ein hoher Reinigungsaufwand ergibt. Für die Herstellung von Kavitäten im Glas gibt es mehrere Möglichkeiten, unter anderem Ätzen, Fräsen, Sandstrahlen, Sägen oder auch Prägen. Es soll hier das Wafersägen angewendet werden, da es eine schnelle und kostengünstige Prozessierung ermöglicht und eine Wafersäge dafür zur Verfügung stand.

Dazu werden blanke Glas-Wafer vom Hersteller, z. B. Schott, bezogen und die Herstellung der erforderlichen Kavitäten selbst durchgeführt. Die Kavitäten verlaufen zueinander parallel und anlagenbedingt immer über die gesamte Waferbreite, im Gegensatz zu den nicht selbst hergestellten Glas-Wafern mit Farbfiltern (siehe Abschnitt 6.2.2), die einen ca. 5 mm breiten Waferrand ohne Bearbeitung aufweisen. Den Entwicklungsstartpunkt für das Wafersägen der Kavitäten bildet der folgende Parametersatz, der aus Erfahrungswerten von Herrn Thomas Ludewig (FhG IPMS) resultiert:

- Sägeblatttyp: Glassägeblatt
- Sägeblattbezeichnung: „BLADE RBT-3682 SD320 N75 BR50 58 × 1 × 40“ (Disco Hi-Tec Europe GmbH)
- Sägeblattbreite: 1 mm
- Schnitttiefe: 350 µm
- Sägeblattvorschub: 2 mm/s
- Rotationsgeschwindigkeit: 20.000 U/min
- Material: Quarzglas „Fused Silica Lithosil® Q1“ (Schott AG)
- Materialdicke: 700 ±25 µm

Damit konnte konnte ein nutzbares Ergebnis, welches in Abbildung 6.9 dargestellt ist, erzielt werden. Im folgenden sind Einzelheiten der Bearbeitung beschrieben, die optimiert worden sind.

Die erforderliche Kavitätsbreite kann für ein bestimmtes Layout spezifisch sein und muss dementsprechend variabel sein. Das Setzen von mehreren Schnitten, die sich um mindestens 50 µm überlappen müssen, ist für diese Anforderung nutzbar. Kleinere Kavitätsbreiten sind mit einem dünneren Sägeblatt erreichbar, allerdings sind schmalere Kavitäten für diese Anwendung nicht erforderlich.

Ein Nachteil dieser Kavitäten ist das damit verbundene unweigerliche Entstehen

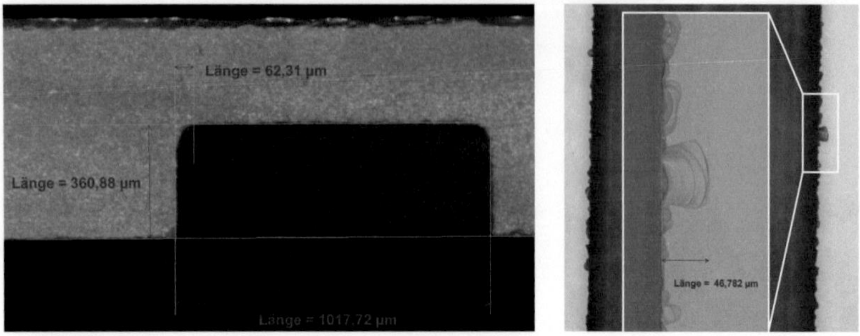

(a) Querschnitt. Kantenverundung am Kavitätsgrund von ca. 62 µm, Kavitätsbreite 1018 µm, Tiefe 361 µm.

(b) Aufsicht. Muschelbruch von maximal 46 µm Größe.

Abbildung 6.9 Kavitäten in Quarzglas, hergestellt durch einen Schnitt eines 1 mm breiten Glassägeblattes mit einer Wafersäge.

von Sollbruchstellen, da hier das Material sehr dünn und damit fragiler ist. Es hat sich während der Durchführung der Prozesse gezeigt, dass die Handhabung solcher empfindlicher Wafer zum Bruch führen kann. Daher ist die Tiefe der Kavität von 350 µm auf 200 µm reduziert worden, um so die Waferstabilität zu erhöhen.

Der Brechungsindex n eines 700 µm dicken Quarz-Wafers wurde durch ein Ellipsometer (siehe Abschnitt 9.2.3) mit anschließender Modellrechnung durch Herrn Bolko Schöneich (FhG IPMS) bestimmt. An fünf Messpunkten auf diesem unstrukturierten Wafer wurde jeweils bei den drei Winkeln 60° , 65° und 70° gemessen. Die gekoppelte Auswertung der fünf Messpunkte ergibt in Übereinstimmung mit [Sch10] den in Abbildung 6.10 dargestellten Verlauf. Die interne Transmission beträgt 99,9 % von 300–900 nm. Der komplexe Brechungsindex ist für Auskopplungs- und Optikberechnungen sowie für die Chip-Beschriftung (siehe Abschnitt 6.2.8) erforderlich.

Mithilfe der Atomkraftmikroskopie (siehe Abschnitt 9.2.7) wurde die Rauigkeit des Quarzglases bestimmt (siehe Abbildung 6.11). Ein Bereich von $5 \times 5\ \mu m^2$ im Zentrum des Wafers wurde im Tapping Mode vermessen und zeigt wie erwartet eine sehr glatte Oberfläche mit einer mittleren Rauigkeit von $R_a = 0{,}29$ nm und Spitzen bis $R_{max} = 16{,}6$ nm Höhe.

Wie bereits in Abschnitt 6.2.5 erläutert, ist eine Vorpositionierung von Glas- und OLED-Wafer erforderlich, welche das Übereinanderliegen von Kavitäten und Kontaktflächen sicherstellt. Da diese Vorpositionierung anhand der Waferkerbe (Notch)

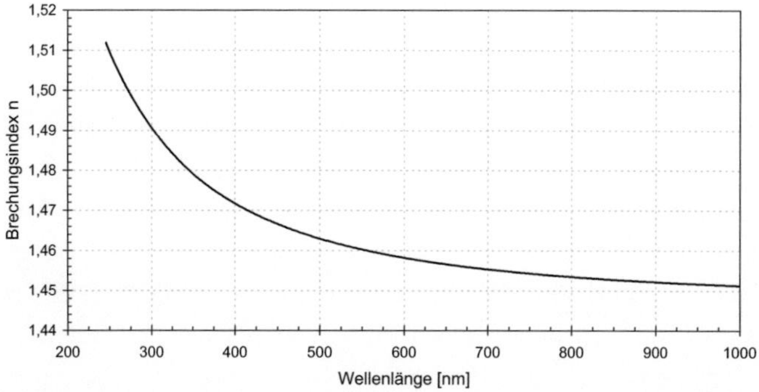

Abbildung 6.10 Ellipsometrisch gemessener Brechungsindex von Quarzglas Lithosil® Q1 (Schott AG).

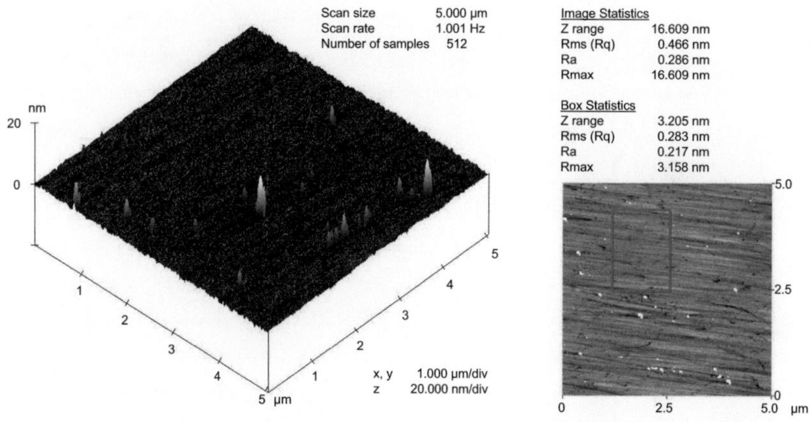

Abbildung 6.11 Oberflächenrauigkeit von Quarzglas Lithosil® Q1 (Schott AG), gemessen mit dem Atomkraftmikroskop.

erfolgt, müssen die Anschlussflächen und die Kavitäten jeweils zur Waferkerbe positioniert sein. Für die Ausrichtung der Kavitäten auf dem strukturlosen Glas-Wafer ist nur die Waferkerbe nutzbar, da keinerlei andere Marken vorhanden sind. Da die Wafersäge über keine Anschlagstifte für die Waferkerbe verfügt, erfolgt diese manuelle Ausrichtung visuell. Dadurch ist ein Winkelversatz (*Rotation*) der Kavitäten zur Waferkerbe von ca. $\pm 5°$ möglich, was das spätere Positionieren sehr aufwendig gestaltet oder verklebte Kontaktflächen zur Folge hat (siehe Abschnitt 6.2.5). Eine Verbesserung dieser Positionierung des blanken Wafers auf der Wafersäge auf ca. $\pm 0{,}5°$ konnte mit einer eigenentwickelten Justier-und Markiervorrichtung erreicht werden, bei welcher 0,5 mm breite Permanentmarker-Markierungen am Waferrand der Rückseite aufgebracht werden. Dadurch kann die Wafersäge anhand zweier gegenüberliegender Marken die Wafer-Winkelausrichtung durchführen. Die Positionierung der Kavitäten zur Waferkante (*Verschiebung*) erfolgt an der Wafersäge optisch und ist mit einer Fehlpositionierung von ca. ± 10 µm zur Waferkante unkritisch, da der ideale Abstand zwischen den Kontaktflächen und der Kavitätskante bei mindestens 0,5 mm liegt. Die erste Kavität bildet eine Referenz, zu der die Wafersäge alle folgenden Kavitäten mit einer Genauigkeit von 2 µm setzt.

Durch den Selbstschärfungsvorgang des Sägeblattes lösen sich die stumpfen Diamantpartikel vom Blatt, wodurch sich das Blatt abnutzt und sich sein Durchmesser verringert. Um eine daraus resultierende Tiefendifferenz der Kavitäten zu begrenzen, kann die Säge die Blatthöhe nach optischer Prüfung nachstellen. Aufgrund eines Tests von ca. 30 kontinuierlichen Schnitten auf einem Wafer ohne optische Prüfung und Sägeblattnachstellung, wurde dieser optische Prüfschritt aller fünf Schnitte eingefügt, was eine Höhenabweichung von < 5 µm garantiert.

Das Wafersägen generiert aufgrund des Materialabtrages Partikel, die die Oberfläche des bearbeiteten Wafers verschmutzen und auch mechanisch zerstören können. Um einer solchen Schädigung vorzubeugen, erzeugt ein Aufschleuderprozess eine etwa 2,4 µm dicke Schicht mit dem Photoresist AZ 7217 (AZ Electronic Materials GmbH, Deutschland). Zusätzlich spült die Säge während des Prozesses mit DI-Wasser und nach dem Sägen erfolgt eine Sprühreinigung mit Isopropanol mit hohem Druck. Nach diesem Vorgang wird der Sägeschutzlack durch eine Reinigung mit Aceton, Isopropanol, DI-Wasser und einem mildalkalischen Tensidbad mit Deconex FPD210 wieder entfernt, und mit ihm auch potentiell aufliegende Partikel. Es schließt sich eine Sauerstoff-Plasmabehandlung an, welcher die Sprühbeschichtung mit Klebstoff innerhalb von 2 h folgt.

Tabelle 6.2 Kontaktwinkel von DI-Wasser zur Glas-Wafer-Oberfläche (Lithosil® Q1, Schott AG) nach unterschiedlichen Bearbeitungszuständen. Die Kontaktwinkel sind jeweils der Mittelwert aus fünf Messwerten, optisch gemessen mit Kontaktwinkelmessgerät OCA 30 (siehe Abschnitt 9.2.1).

Oberflächenzustand nach	Kontaktwinkel [°]
Lieferung	21 ±0,2
Vorreinigung	Spreitung
Entfernung Sägeschutzlack	15 ±1,5
Sauerstoff-Plasmabehandlung	55 ±8,8

Die Benetzungswinkel des Glas-Wafers ohne Farbfilter nach den verschiedenen Bearbeitungsphasen sind in Tabelle 6.2 dargestellt.

6.2.4 Klebstoffauftrag

Klebstoffverdünnung

Der vorbereitete Verkapselungswafer erhält nun seine Klebstoffschicht durch Aufsprühen. Die hier beschriebene Prozessentwicklung wurde in Zusammenarbeit mit Herrn Lutz Nüske (FhG IPMS) durchgeführt. Als Klebstoff wurde infolge der Ergebnisse aus Abschnitt 4.2.3 der einkomponentige UV kationisch härtende Epoxidharz-Klebstoff XNR 5542 (Fa. Nagase ChemteX Corp., Japan) ausgewählt (siehe Abschnitt 9.3.5), welcher laut Datenblatt [Nag08] eine dynamische Viskosität von $\eta = 200\,\text{mPa} \cdot \text{s}$ und eine Stoffdichte von $\rho = 1{,}2\,\text{g/cm}^3$ besitzt. Dieser Wert ist für unverdünnte Epoxidharze die untere Grenze der Viskosität. Daraus ergibt sich mit Gleichung 2.10 eine kinematische Viskosität von $\nu = 167\,\text{mm}^2/\text{s}$. Zum Sprühen steht die Anlage EVG101 (EV Group, siehe Abschnitt 9.2.11) zur Verfügung. Eine Ultraschallsprühdüse zerstäubt das Material und beschleunigt es mit einem Stickstoff-Luftstrom in Richtung Waferoberfläche. Dabei rotiert der Wafer mit 40 U/min und ein Schwenkarm bewegt die Düse mit einem bestimmten Geschwindigkeitsprofil über den Wafer. Das zu zerstäubende Material muss dafür eine kinematische Viskosität kleiner als $20\,\text{mm}^2/\text{s}$ besitzen [PBS03], welche der reine Klebstoff nicht aufweist.

Um den Klebstoff auftragen zu können, muss er mit einem Lösungsmittel verdünnt werden, um die erforderliche geringe Viskosität zu erhalten. Für die Löslichkeit eines Klebstoffes in einem Lösungsmittel ist der Vergleich der Löslichkeitsparameter

Tabelle 6.3 Eigenschaften ausgewählter Lösungsmittel: Siedepunkt, Dampfdruck, Verdunstungszahl, Löslichkeitsparameter, Viskosität und Massendichte [Hab09].

Lösungsmittel	Summenformel	Siedepunkt (1013 hPa) [°C]	Dampfdruck (20°C) [hPa]	Verdunstungszahl (DIN 53170, Ether = 1)	Löslichkeitsparameter [$\sqrt{J/cm^3}$]	dyn. Viskosität (20°C) [mPa s]	Massendichte (20°C) [g/cm³]
Aceton	C_3H_6O	56	228,0	2,0	41,9	0,33	0,79
Isopropylalkohol (IPA)	C_3H_8O	82	43,0	11,0	48,1	2,27	0,79
Methylethylketon (MEK)	C_4H_8O	80	105,0	2,6	38,9	0,40	0,81
Propyleneglycolmethyl-etheracetat (PGMEA)	$C_6H_{12}O_3$	146	2,9	33,0	18,1	1,20	0,97
Toluol	$C_6H_5CH_3$	110	29,0	6,1	37,3	0,60	0,87
Wasser	H_2O	100	23,4	80,0	-	0,89	1,00

nach Hildebrand δ beider Stoffe erforderlich. Je besser die Bedingung

$$\delta_{\text{Lösungsmittel}} \sim \delta_{\text{Klebstoff}} \tag{6.1}$$

erfüllt ist, desto besser ist die Löslichkeit des Klebstoffes im Lösungsmittel [Sto05]. Die Löslichkeitsparameter von Lösungsmitteln sind in Tabelle 6.3 dargestellt.

Für den verwendeten Klebstoff konnten keine Löslichkeitsparameter gefunden werden und selbst der Hersteller hat diesen Parameter nicht vermessen, weshalb hier nur Richtwerte für Epoxidharze angenommen sind [SW96]: $\delta_{\text{Epoxidharz}} = 26{,}3\,\sqrt{J/cm^3}$. Diese Löslichkeit weist eine große Differenz zu den Lösungsmitteln auf (zu Aceton $\Delta\delta = 16\,\sqrt{J/cm^3}$). Trotzdem konnten verschiedene Gemische hergestellt werden, wobei Aceton und Methylethylketon (MEK) ein besonders gutes Lösungsverhalten zeigten. Das Lösungsmittel MEK ist niedrigsiedend und kommt oft zur Anwendung, um Epoxidharze zu verdünnen, ohne sie chemisch zu verändern.

Das Mischungsverhältnis zur Verdünnung des Klebstoffes wurde empirisch bestimmt und besitzt das folgende Anteilsverhältnis.

Material	Klebstoff	:	MEK	:	PGMEA
Volumenanteile	1,00	:	6,00	:	0,74
Gewichtsanteile	1,15	:	4,50	:	0,70

MEK ist für die Verringerung der Viskosität zuständig und stellt daher den

Hauptbestandteil des Gemisches dar. Die ersten Sprühversuche mit einem Klebstoff-MEK-Gemisch zeigten eine dünne Schicht mit vielen kleinen Defekten (pinholes). Durch den Einsatz von Propyleneglycolmethyletheracetat (PGMEA), welches aufgrund seiner großen Verdunstungszahl länger während des Sprühvorganges im Gemisch erhalten bleibt und nicht so schnell aus den Sprühnebeltröpfchen verdunstet [Mic05], konnte eine homogene defektfreie Schicht erzielt werden.

Die Überprüfung der Viskosität des Klebstoffes und der des Gemisches erfolgte durch ein Rheometer (siehe Abschnitt 9.2.2). Die Materialcharakteristika sind in Abbildung 6.12 aufgeführt. Die gemessene Viskosität von etwa 0,24 Pa s (bei $1000\,\mathrm{s}^{-1}$) liegt im Bereich der Herstellerangabe mit 0,2 Pa s. Das für Klebstoffe typische Nicht-NEWTONsche Verhalten wird durch die Messung bestätigt, wobei ein strukturviskoses Fluid mit scherverdünnender Eigenschaft vorliegt (Vergleich mit Abbildung 2.15). Die Frage nach einer Fließgrenze lässt sich selbst mit dem empfindlichen CS Modus nicht vollständig beantworten. Allerdings ist ersichtlich, dass wenn eine Fließgrenze existiert, diese kleiner als 0,5 Pa sein muss, was ein sehr geringer Wert ist.

Das Klebstoff-Lösungsmittel-Gemisch zeigt eine Viskosität von 0,37 mPa s bei einer Scherrate von $10^3\,\mathrm{s}^{-1}$. Die Dichte des Gemisches ist unbekannt, aber eine obere Abschätzung mit der Dichte von MEK ($0{,}81\,\mathrm{g/cm^3}$), was die kleinste Dichte des Gemisches darstellt, ergibt mit Gleichung 2.10 eine kinematischen Viskosität von $0{,}46\,\mathrm{mm^2/s}$. Dass heißt, die kinematische Viskosität des Gemisches ist auf jeden Fall geringer als der vom Sprühbelacker geforderte Wert von $20\,\mathrm{mm^2/s}$.

Sprühprozess

In [PBS05] ist für den Sprühbeschichter EVG101 ein Modell zur Berechnung der aufgesprühten Klebstoffschichtdicke d angegeben und evaluiert worden:

$$d = \frac{k \cdot c \cdot TE}{A} \cdot 10^{-3} \sum_{n=1}^{15} \frac{V_{\mathrm{dis}}}{v_n} \tag{6.2}$$

Dabei ist k die Länge eines Einzelschrittes des Sprüharmes (Schrittmotorschritte), c der Klebstoffanteil im Klebstoff-Lösungsmittel-Gemisch (%), TE die Klebstoff-Transfereffizienz der Sprühanlage bzw. des Prozesses (%), A die Fläche des Wafers ($\mathrm{cm^2}$), V_{dis} das dispenste Gemischvolumen (µl/s) und v_n die Geschwindigkeit des

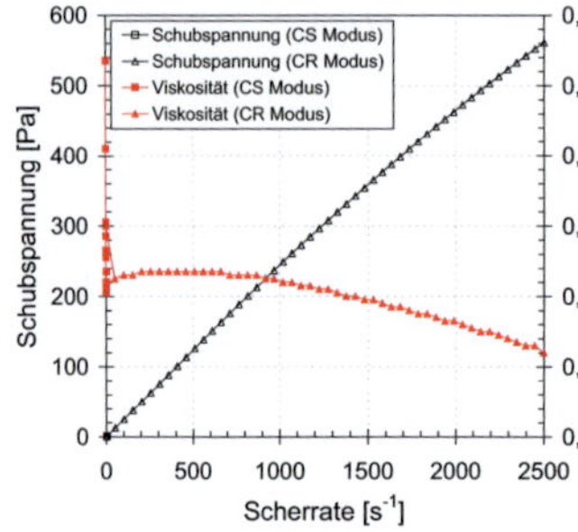

(a) Klebstoff

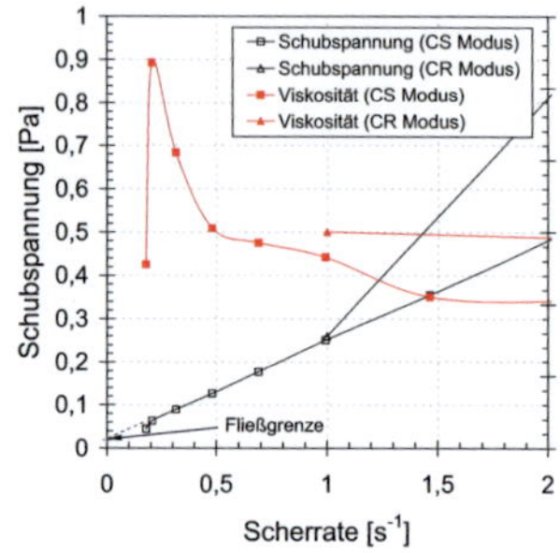

(b) Klebstoff - Ausschnitt

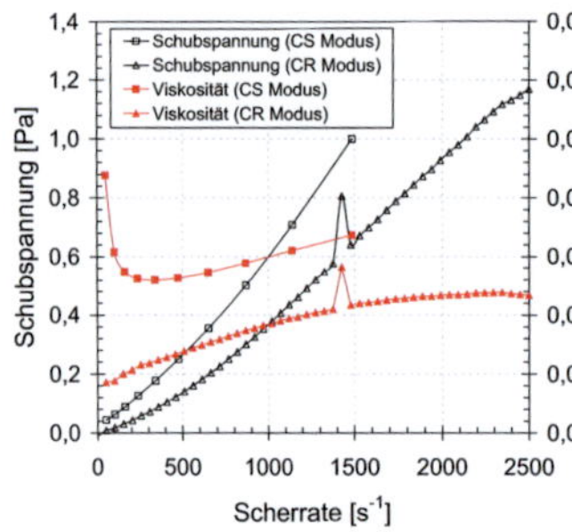

(c) Gemisch

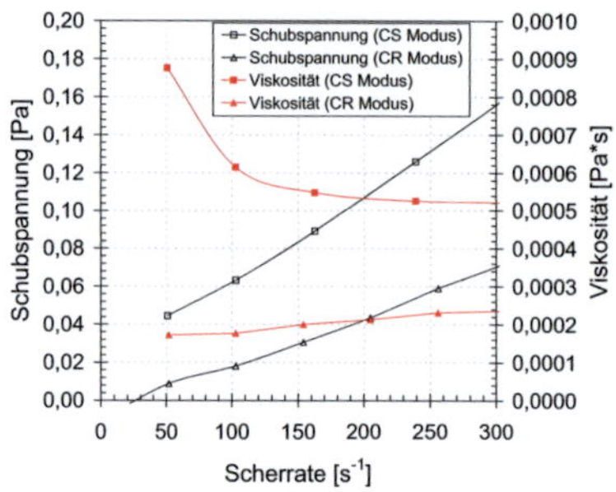

(d) Gemisch - Ausschnitt

Abbildung 6.12 Viskosität des Klebstoffes XNR 5542 und des Gemisches Klebstoff-MEK-PGMEA, gemessen mit dem Rheometer HAAKE RheoStress 600.

Sprüharmes des jeweiligen Einzelabschnittes n seiner Bewegung über den Wafer (Schritte/s).

Als Ausgangspunkt des Sprühprozesses wurden folgende Parameter gewählt, um eine Zielklebstoffdicke von 5 µm zu erhalten:

k	3973 Schrittmotorschritte
c	12,9 Vol.%
TE	75 %
A	314 cm^2
V_{dis}	11 µl
v_n	Profil *Ausgangsrezept* (siehe Abbildung 6.18)

Das Ergebnis dieser Ausgangsparameter ist unten im Abschnitt *Charakterisierung Klebstoffschicht* (S. 108) dargestellt, wobei eine mittlere Schichtdicke von knapp 7 µm erzielt wurde. Es konnten mit dieser Rechnung solide Startwerte für die Beschichtung gefunden werden, allerdings sind sie noch zu optimieren.

Temperung

Nach der Sprühbeschichtung mit dem Klebstoff-Lösungsmittel-Gemisch ist eine Temperung notwendig. Das nun nicht mehr benötigte Lösungsmittel soll aus der Schicht ausgetrieben werden, damit es den OLED-Schichtstapel nicht schädigt.

Hierfür wird ein Vakuumofen Typ YES-5E der Firma Yield Engineering Systems Inc. (USA) verwendet. Seine Temperatur ist konstant auf 120 °C geregelt. Der beschichtete Wafer liegt in einem Teflon-Träger in dem Ofen und die Temperprozedur läuft ab, indem im Wechsel die Kammer abgepumpt und mit trockenem Stickstoff gespült wird.

Nach diesem Tempern ist die Sicherstellung der Lösungsmittelfreiheit entscheidend. Zur Überprüfung soll mit einer Präzisionswaage (siehe Abschnitt 9.2.12), die eine Messgenauigkeit von 0,01 mg besitzt, das Gewicht eines sprühbelackten 150 mm Silizium-Wafers vor und nach der Temperung gemessen werden. Abbildung 6.13 gibt eine Übersicht der Ergebnisse.

Die Soll-Werte der Masse ergeben sich aus Überschlagsrechnungen aus geometrischen Überlegungen zum 150 mm Silizium-Wafer (0,675 µm dick, $\rho = 2{,}336\,\text{g/cm}^3$) und zur beschichteten Waferfläche $A = 17450\,\text{mm}^2$, den Klebstoffgemischgewichtsanteilen Klebstoff : MEK : PGMEA = 1,15 : 4,5 : 0,7, der Dichte der Materialien (sie-

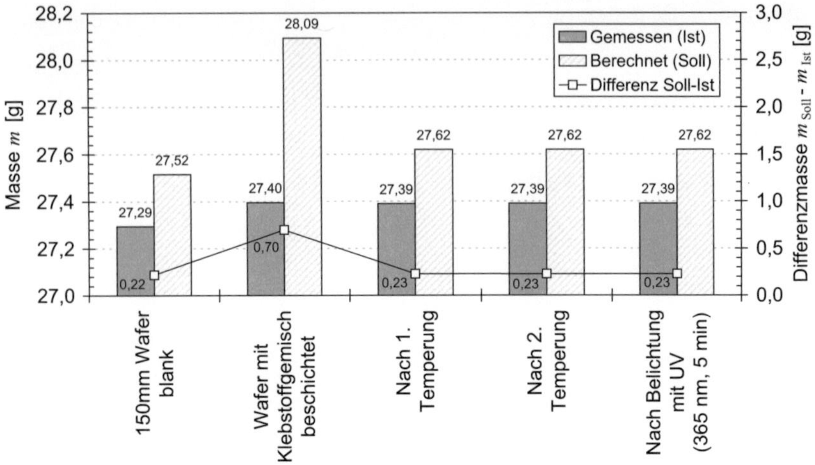

Abbildung 6.13 Masse eines 150 mm Silizium-Wafers mit aufgesprühtem Klebstoffgemisch im Vergleich von berechneten und gemessenen Werten. Die Messgenauigkeit der Analysewaage ist 0,01 mg.

he Tabelle 6.3, $\rho_{\text{Klebstoff}} = 1{,}2\,\text{g/cm}^3$) sowie der Schichtdicke $d = 5\,\mu\text{m}$. Das zweite Tempern ist mit dem ersten identisch und dient als Vergleichsmesswert.

Als schlechtester Fall wurde angenommen, dass die aufgesprühte Schicht noch die gesamten Lösungsmittel besitzt, auch wenn das infolge der Verdunstung nicht der Fall ist. Die Messungen zeigen, dass nach dem Sprühvorgang nahezu kein Lösungsmittel in der Schicht vorhanden ist. Schon durch den ersten Temperschritt ist der Gewichtsverlust so gering ($< 0{,}01$ g), dass nach dem Sprühen lediglich noch etwa 5,4 % der Lösungsmittel in der Schicht enthalten sind. Es ist also von einer lösungsmittelfreien Klebstoffschicht nach der Temperung auszugehen.

Charakterisierung der Klebstoffschicht

Für nachfolgende Prozesse und die Funktion des fertigen Bauelementes ist es wichtig, die Klebstoffschichtdicke zu kennen. Sie soll optisch vermessen werden. Dazu wurde zuerst ein Ellipsometer (Abschnitt 9.2.3) verwendet, welches die Polarisation des reflektierten Lichtes aufzeichnet und anhand dessen über ein Schichtmodell die optischen Konstanten und die Schichtdicke angepasst und berechnet werden. Nach der ellipsometrischen Vermessung eines Silizium-Wafers mit Klebstoffschicht fielen

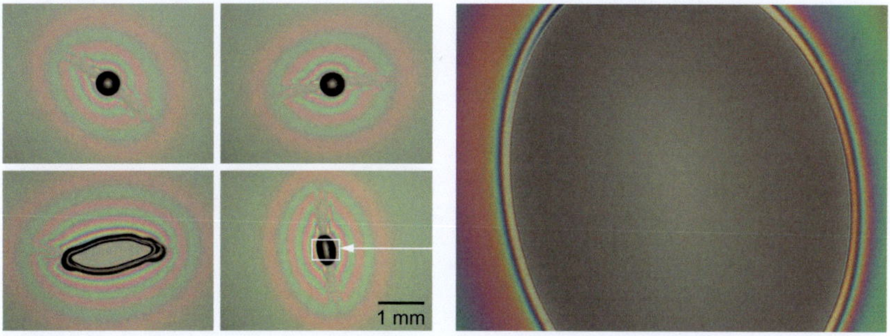

Abbildung 6.14 Defekte in der Klebstoffschicht durch ellipsometrische Messungen, hervorgerufen durch die Aktivierung der UV-Fotoinitiatoren des Klebstoffes.

Schichtdefekte im Muster der Messpunkte auf (siehe Abbildung 6.14). Aufgrund der Kenntnis des Messvorgangs und dem Wellenlängenbereich des Ellipsometers kann geschlussfolgert werden, dass durch die Messung der Klebstoff bereits abgebunden hat. Das Ellipsometer bestrahlt die Probe immer mit dem gesamten zur Verfügung stehenden Spektrum von 245–1000 nm und trennt die Wellenlängen erst im Empfänger auf und filtert diese. Eine Beschränkung auf einen anderen Wellenlängenbereich hat somit auf das auftreffende Spektrum keine Auswirkung. Für den Klebstoff ist vom Hersteller eine Wellenlänge der Photoinitiatoren von 365 nm angegeben, bei der die Vernetzung in Gang gesetzt wird. Die Messung mit dem Ellipsometer zur Bestimmung der nassen Klebstoffschichtdicke war somit nicht erfolgreich.

Durch die Verwendung des Reflektometers F50 von Filmetrics (Abschnitt 9.2.4) konnte das Problem der Klebstoffhärtung vermieden werden. Es besitzt einen Wellenlängenbereich von 380–1100 nm, welcher die Härtungswellenlänge des Klebstoffes nicht beinhaltet. An mehreren Stellen auf dem Wafer misst das Reflektometer die zurückgeworfene spektrale Strahlungsintensität (Abbildung 6.15), wobei die Strahlung senkrecht auf die Probenoberfläche trifft. Die Software V.A.S.E. für Windows berechnet aus einem angebegenen Schichtmodell, dem Reflexionsspektrum und weiteren Simulationsparametern die optischen Konstanten (Abbildung 6.16) der Klebstoffschicht, wobei sie die gemessenen und simulierten Reflexionswerte miteinander vergleicht.

Mit den berechneten optischen Konstanten und dem Schichtmodell kann nun mit dem internen Berechnungsalgorithmus des Reflektometers sehr schnell während der

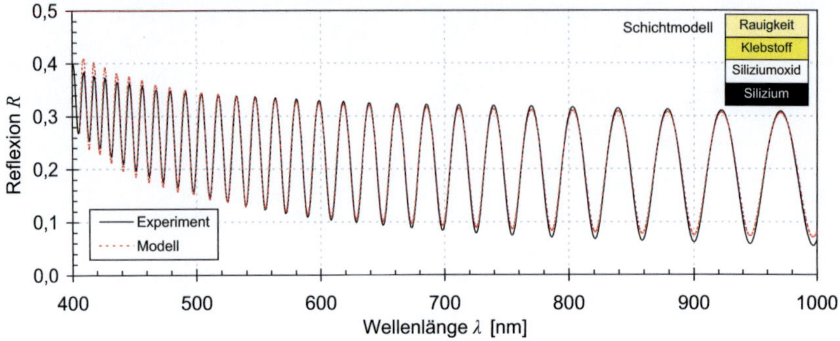

Abbildung 6.15 Reflexionsmessung an einer aufgesprühten Klebstoffschicht mit dem Reflektometer F50 (Filmetrics) und Modellrechnung mit V.A.S.E. Der Messpunkt mit den dargestellten Reflexionswerten liegt in der Mitte des 200 mm Silizium-Wafers.

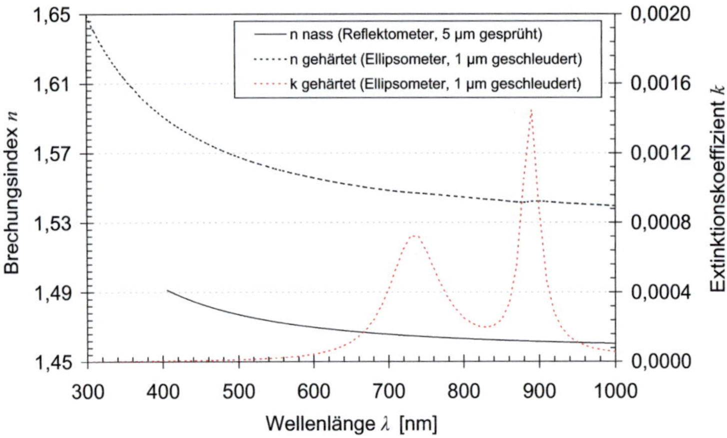

Abbildung 6.16 Brechungsindex n des Klebstoffes Nagase XNR 5542 im nassen und gehärteten Zustand.

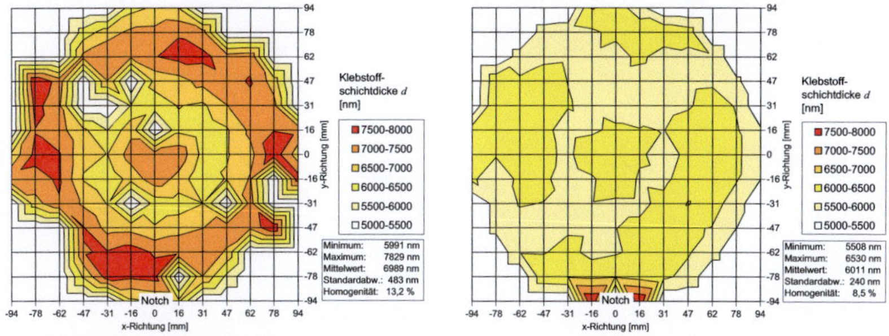

(a) Ausgangsprofil. (b) Optimiertes Profil.

Abbildung 6.17 Schichtdickenverteilung des aufgesprühten Klebstoffes Nagase XNR5542 auf einen 200 mm Silizium-Wafer mit unterschiedlichen Geschwindigkeitsprofilen des Beschichtungssprüharmes.

Reflexionsmessung die Schichtdicke bestimmt werden. So ist über die Waferfläche der Schichtdickenverlauf des Klebstoffes mess- und visualisierbar. Die Abbildung 6.17(a) stellt ein Klebstoffschichtdicken-Wafermap dar, welches von aufgesprühtem Klebstoff auf einem blanken 200 mm Silizium-Wafer stammt. Einige fehlende Messwerte (z. B. Position (0; 16)) stören diese Darstellung.

Diese Schichtdickendarstellung zeigt deutlich eine konzentrische Schichtdickenschwankung, die aus dem Geschwindigkeitsprofil des Sprüharmes resultiert. Die Abbildung 6.18 zeigt das dazugehörige Sprüharmgeschwindigkeitsprofil.

Die angestrebte Schichtdicke soll über den gesamten Wafer konstant sein. Daher ist das Sprüharmprofil optimiert worden, indem der neue Geschwindigkeitswert $v_{Soll}(x)$ aus folgender Gleichung berechnet wird:

$$v_{\text{Soll}}(x) = \frac{\bar{d}_{\text{Ist}} \cdot v_{\text{Ist}}(x)}{d_{\text{Ist}}(x)}, \tag{6.3}$$

wobei $\bar{d}_{\text{Ist}}$ das arithmetische Mittel der gemessenen Schichtdicken des Profils, $v_{\text{Ist}}(x)$ die Sprüharmgeschwindigkeit an der Position x und $d_{\text{Ist}}(x)$ die gemessene Klebstoffschichtdicke an der Position x darstellt. Das angepasste Geschwindigkeitsprofil ergab eine homogenere Schichtdickenverteilung, dargestellt in Abbildung 6.17(b). Zum Vergleich sind die Standardabweichung σ und die Homogenität H (in Prozent)

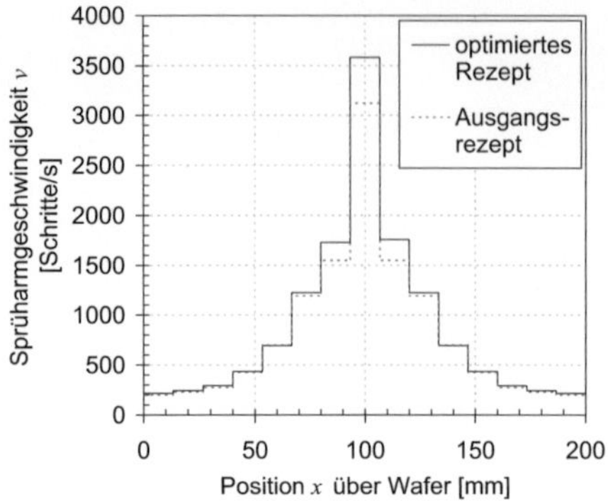

Abbildung 6.18 Geschwindigkeitsprofil der Ultraschalldüse des Sprühbelackers über einen 200 mm Wafer von Waferkante zu Waferkante.

nach folgenden Gleichungen berechnet:

$$\sigma = \sqrt{\frac{\sum \left(d - \bar{d}\right)^2}{N-1}} \tag{6.4}$$

$$H = \frac{d_{max} - d_{min}}{2 \cdot \bar{d}} \cdot 100\,, \tag{6.5}$$

wobei d der Einzelmesswert der Klebstoffschichtdicke, $\bar{d}$ dessen arithmetisches Mittel und N die Anzahl der Messungen ist. Von den 37 aufgenommenen Messwerten, sind jeweils die 3 mit der höchsten Abweichung vom Mittelwert für die Berechnungen nicht berücksichtigt. Zum Beispiel sind die 3 Messwerte in Abbildung 6.17(b) am Waferrand nahe der Wafer-Notch (0; -94) für die Homogenität nicht repräsentativ.

Der Beschichtungsvorgang erfolgt auf einem Teller (Chuck), der einen größeren Durchmesser als ein 200 mm Wafer aufweist. Aufgrund fehlender Waferhebestifte für die Waferentnahme nach der Beschichtung kann die Waferrückseite im Randbereich mit Klebstoff kontaminieren. Die Folge ist beim späteren Feinjustageschritt ein Anhaften des Glas-Wafers an der Quarzplatte des Aligners, was eine hohe Bruchgefahr, auch durch die schon durchgeführte UV-Härtung, für den Waferverbund bedeutet. Abhilfe konnte hier ein Randentlackungsschritt schaffen, welcher den Teller und einen 5 mm breiten Rand des Wafers mit Lösungsmittel spült und so bei geringer Waferrotation (50 U/min) den Klebstoff entfernt. Allerdings zeigt der Klebstoffrand auf dem Wafer schon ein Verlaufen, was auf zu große Zentrifugalkräfte bei der Rotation zurückzuführen ist. Ein noch langsameres

Drehen kann aber das Fließen des gelösten Klebstoffes und des Lösungsmittels unter den Wafer bedeuten und ist zu vermeiden. Eine zielführendere Variante ist die Verwendung einer Schattenmaske, die den Teller und den Waferrand abdeckt und den versprühten Klebstoff aufnimmt. Am Ende dieser Arbeit konnte diese Idee umgesetzt werden und damit ein sauberer Waferrand erzeugt werden.

6.2.5 Adhäsives Waferbonden

Manuelle Fügebox

Wie bereits in Abschnitt 6.2.1 erläutert, konnte keine funktionsfähige Dünnschichtverkapselung zum Schutz der OLED appliziert werden, weshalb ein Umweg gegangen wurde. Ziel ist das Fügen beider Wafer in trockener Stickstoffatmosphäre. Dafür kommt der Waferträger des Waferbonders (siehe Abbildung 6.2(b)) zum Einsatz. Nach dem Entwurf von Herrn Tobias Barchewitz (FhG IPMS) wurde ein spezifisches manuelles Werkzeug für die Benutzung des Waferträgers angefertigt (siehe Abbildung 6.19(a)). Dieses Werkzeug ist in einer mit trockenem Stickstoff gefüllten Handschuhbox (O_2: 0,2 ppm, H_2O: 0,2 ppm) platziert. Es erfüllt die Aufgaben des Erzeugens eines Unterdruckes und des Herauslösens der Abstandshalter zwischen beiden Wafern während des Unterdruckes.

Der Ablauf beginnt mit dem Umschleusen des CMOS-Wafers aus der OLED-Beschichtungsanlage in die Handschuhbox mit dem manuellen Bondwerkzeug. Dazu wird eine abgedichtete Transportbox verwendet. Der Farbfilter-Wafer, welcher mit Klebstoff beschichtet ist, geht ebenfalls über eine Vakuumschleuse in die stickstoffgefüllte Handschuhbox. Es folgt das Bestücken des Waferträgers und das Schließen und Abpumpen der Kammer bis etwa $1{,}7 \cdot 10^{-1}$ mbar, gemessen mit der Druckmessröhre ITR 90 (Oerlikon Leybold). Das manuelle gleichzeitige Herausziehen aller drei Abstandshalter über eine Drehdurchführung fügt beide Wafer. Das Belüften der Fügebox mit Stickstoff aus der Handschuhbox und die Entnahme des Waferstapels aus dem manuellen Fügewerkzeug und anschließend der Handschuhbox schließt den Vorgang ab. Die Feinpositionierung der beiden Wafer kann nun am Aligner erfolgen.

Durch diese Änderung konnte die nicht verfügbare Dünnschichtverkapselung umgangen werden, auch wenn hier ein höherer Aufwand in Kauf genommen werden musste. Der geplante Waferbonder wird bei diesem Vorgehen nicht benutzt.

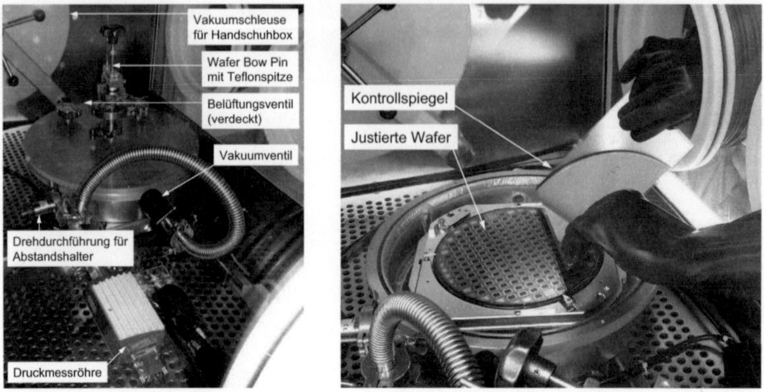

(a) Geschlossene Fügebox mit Teflonstift in Wafermitte.

(b) Vorpositionieren beider Wafer visuell mit einem Spiegel aufgrund nicht zueinander passender Wafer.

Abbildung 6.19 Manuelle Fügebox in einer mit trockenem Stickstoff gefüllten Handschuhbox zur Verkapselung von OLEDs, die ohne Dünnschichtverkapselung hergestellt sind.

Vorpositionierung

Die Vorpositionierung von Glas- und CMOS-Wafer ist für das Übereinanderliegen der Kavitäten und Anschlussflächen von essentieller Bedeutung (siehe auch Abschnitt 6.2.2). Dieses Zusammenpassen erfordert eine korrekte Herstellung der beiden Wafer, was von der Layouterstellung bis zur Lieferung etwa ein halbes bis ein Jahr dauert. Wird dann bei der Waferverkapselung festgestellt, dass die beiden Wafer nicht zueinander passen, ist eine Nacharbeit sehr kosten- und zeitaufwendig bzw. nicht mehr möglich. Im Zuge paralleler Projekte mit unterschiedlichen Layouts konnten drei verschiedene Fälle der Vorpositionierung festgestellt werden:

- Glas-Wafer mit spiegelverkehrtem Farbfilterlayout passt nur mit Versatz und 180°-Verdrehung zu dem dazugehörigen CMOS-Wafer.
- Glas-Wafer mit Farbfiltern haben einen lateralen Versatz der Strukturen zur Waferkante, wodurch die Anschlussflächen gerade nicht mehr unter den Kavitäten positioniert sind.
- Glas-Wafer ohne Farbfilter mit gesägten Kavitäten eigener Herstellung weisen einen zu großen Winkelversatz der Kavitätsausrichtung zur Waferkerbe auf.

Im Ergebnis dieser Fehler ist eine freie manuelle Vorpositionierung beider Wafer

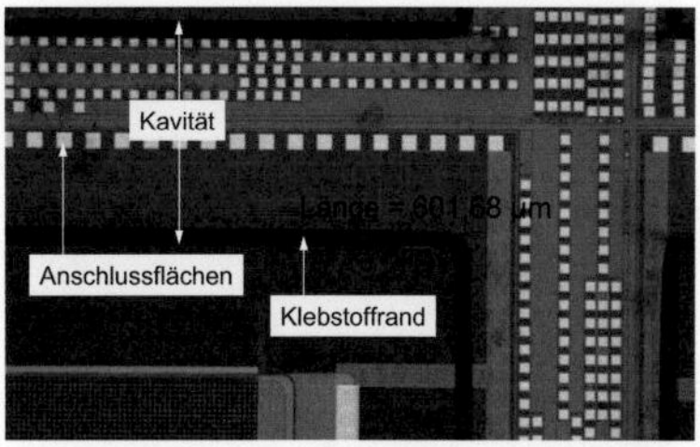

(a) Kontakt des Klebstoffes nur außerhalb der Kavität entlang deren Kante (positiv zu bewerten).

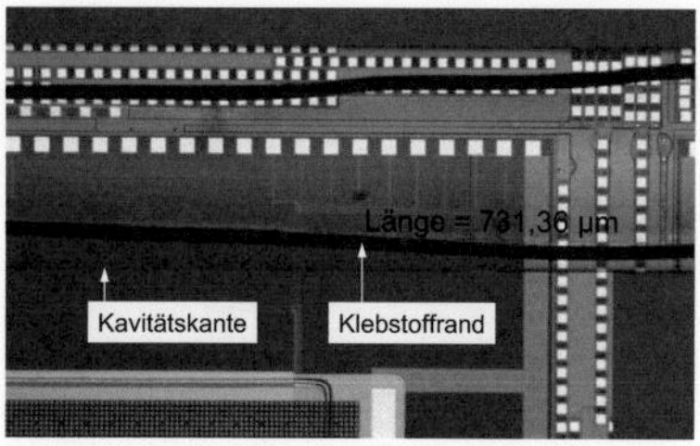

(b) Kontakt des Klebstoffes auch innerhalb der Kavität (negativ zu bewerten).

Abbildung 6.20 Kavität, Anschlussflächen und Klebstoffrand nach visueller Vorjustage und adhäsivem Waferbonden mit der manuellen Fügebox.

zueinander erforderlich, bei der bis mehrere Millimeter Versatz nachzustellen sind. Der sich daraus ergebende Versatz der Waferkanten macht die Positionieranschlagstifte des Waferträgers nicht nutzbar bzw. sind sie sogar störend. Der Glas-Wafer muss schließlich visuell positioniert werden. Diese Herangehensweise überlagert sich mit dem Erfordernis der manuellen Fügebox in der stickstoffgefüllten Handschuhbox (siehe vorheriger Abschnitt *Manuelle Fügebox*). Daraus ergibt sich die Notwendigkeit, einen Spiegel für die senkrechte Kontrolle der Waferpositionierung einzusetzen (siehe Abbildung 6.19(b)). Letztendlich ist nur der CMOS-Wafer fixiert und der Glas-Wafer liegt auf den Abstandshaltern. Ein Teflonstift sorgt für geringen Druck in der Wafermitte (Funktion eines wafer bow pin) und verhindert so eine Verschiebung des Glas-Wafers beim Herausziehen der Abstandshalter durch unterschiedliche Haftkräfte zum Glas-Wafer.

Die Vermeidung dieser Probleme kann z. B. durch eine automatische Überprüfung der Layouts mit Entwurfsregeln (DRC – design rules check) oder durch die Methode des Austausches eines Messwafers (siehe Abschnitt 6.2.2) erreicht werden.

Nach dem Fügen beider Wafer zeigt die Kontrolle der Kavitäten und der Anschlussflächen, dass sich Klebstoff teilweise auch innerhalb der Kavitäten befinden kann. Deshalb ist an dieser Stelle ein Kontrollschritt vor dem elektrischen Test mit dem Waferprober notwendig. Die Abbildung 6.20 zeigt zwei unterschiedliche Kavitäten. Befindet sich Klebstoff auf den Kontaktflächen, darf dieser Chip nicht vom Waferprober angefahren werden, sonst verschmutzen oder verbiegen die Kontaktstifte der Nadelkarte.

(a) Schematischer Querschnitt. (b) Gefügter Waferstapel im Bonder.

Abbildung 6.21 Experimenteller Aufbau für den Versuch Druckbelastung auf OLED.

Druckkraftbelastung auf OLED

Der Waferbonder kann während des Prozesses die beiden gefügten Wafer mit einer Kraft von bis zu 40 kN zusammenpressen. Dies hat eine Druckkraftbelastung auch auf die OLED zur Folge. Daraus ergibt sich die Frage, ob und inwieweit diese wirkende Kraft die Performance des OLED-Bauelementes verändert. Die Antwort darauf soll der folgende Versuch geben.

Für diesen Versuch kommt ein top-emittierender OLED Stapel mit dotierten Transportschichten (Schichtfolge siehe Tabelle 6.4, S. 120) auf 150 mm Wafern zur Anwendung. Der experimentelle Aufbau ist in Abbildung 6.21 schematisch dargestellt. Ein mit Klebstoff beschichteter und mit Durchbrüchen strukturierter Glas-Wafer (0,7 mm dick) liegt auf dem OLED-Wafer mit einer Kontaktfläche von 177 cm^2. Ein 3 mm dicker und mit Gräben strukturierter Glas-Wafer enthält federnde Metallkontaktstifte (Firma Magepa Feinmechanik GmbH) und elektrische Zuleitungen für die OLED-Kontaktierung. Beide Glas-Wafer wurden von der Firma Plan Optik AG strukturiert. Der Messablauf verläuft wie folgt:

1. OLED-Herstellung und Sprühbeschichtung Druckwafer mit Klebstoff,
2. Waferbonden von OLED-Wafer und Druckwafer ohne Anpresskraft,
3. Vermessung Strom-Spannungs-Kennlinie (I-U) (vor Belastung),
4. Ausübung von Kraft auf den Waferstapel und Halten,
5. Vermessung Strom-Spannungs-Kennlinie (I-U) während der Belastung,
6. Erhöhung der Kraft um eine Stufe (Stufen siehe Abbildung 6.22),
7. Wiederholung der Schritte 5 und 6,
8. Vermessung Strom-Spannungs-Kennlinie (I-U) während 40 kN Druckkraft,

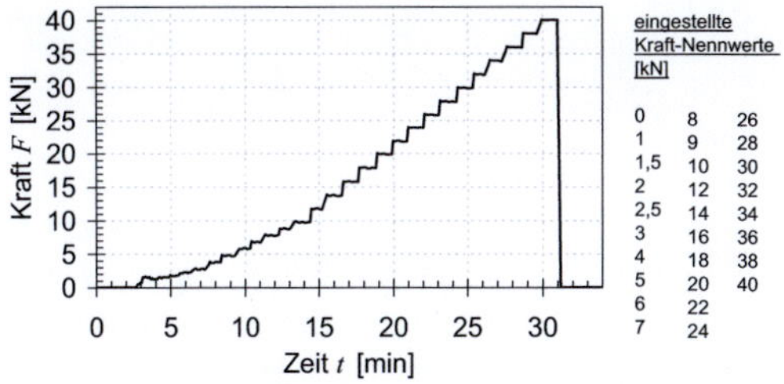

Abbildung 6.22 Kraftprofil des Waferbonders für Druckkraftbelastung auf OLED.

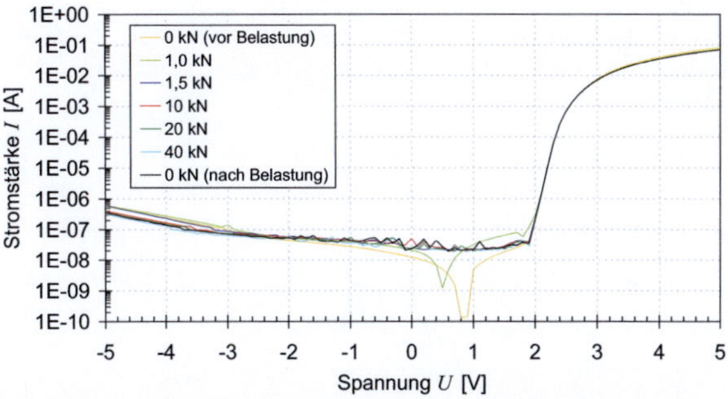

Abbildung 6.23 Strom-Spannungs-Kennlinien des OLED-Bauelementes V8986-5_M1_D4 während verschiedener Druckkraftbelastungen bis 40 kN. Die Messungen bei 0 kN und 1 kN sind mit einer anderen Messsoftware aufgenommen.

9. Reduzierung der Kraft auf 0 N,
10. Vermessung Strom-Spannungs-Kennlinie (I-U) (nach Belastung).

Der Messaufbau (siehe Abbildung 6.21(a)) besteht aus zwei Stück Keithley 2602A, die jeweils als 2-Kanal-Spannungsversorgungs- und Messgerät agieren. Diese legen einen Spannungswert von (+5 .. 0,1 .. -5) V an die OLED an und messen die Ströme mit einer Integrationszeit von 0,02 s. Die Strom-Spannungs-Kennlinien von vier OLEDs eines Wafers können so erfasst werden, wobei jede Diodenfläche 80,75 mm^2 groß ist.

Abbildung 6.23 zeigt die Strom-Spannungs-Kurven für einen Wafer, der bis 40 kN belastet wurde. Die ersten beiden Messungen bei 0 kN und 1 kN sind mit einer anderen Messsoftware aufgezeichnet und unterscheiden sich in den Stromstärken, bei denen die OLED nicht emittiert. Im interessanten Spannungsbereich mit Emission größer als 2 V zeigt die OLED unabhängig der Größe der aufdrückenden Kraft die gleichen Stromstärken.

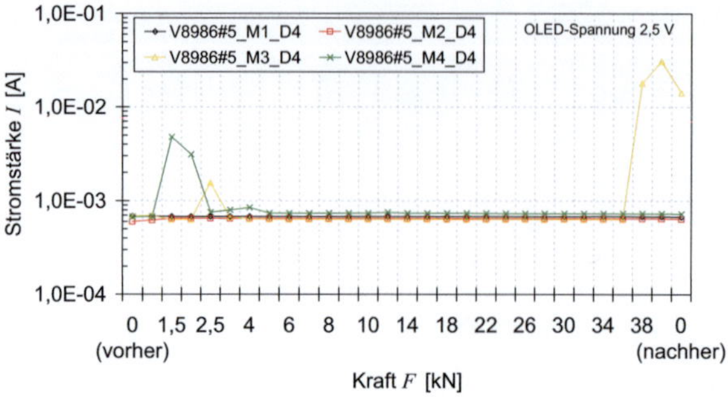

Abbildung 6.24 Stromstärke in Anhängigkeit der Druckkraft bei $U = 2{,}5$ V von vier OLEDs des Wafers V8986#5 während des Druckvorganges (außer 0 kN nachher).

In Abbildung 6.24 ist der Verlauf der Stromstärke bei einer Spannung von 2,5 V über die Druckkraft aufgetragen. Auch hier zeigt sich keine signifikante Stromstärkeänderung. Die OLED V8986#5_M3_D4 weist ab 38 kN ebenso wie V8986#5_M4_D4 einen Kurzschluss auf. Eingedrückte Partikel können hierfür die Ursache sein.

Der Vergleich von 4 Wafern mit unterschiedlicher maximaler Belastung von 0,9 kN, 3,3 kN, und zweimal 40 kN ist in Abbildung 6.25 dargestellt. Die Messpunkte sind jeweils vor und nach der Belastung aufgezeichnet, also nicht während des Druckes. Die Stromstärke ist nach der Druckkraftbelastung im Mittel verändert um

+39 % bei 0,9 kN Maximalkraft,
-63 % bei 3,3 kN Maximalkraft,
+4 % bei 40 kN Maximalkraft mit *I*-*U*-Messung während Druck,
+27 % bei 40 kN Maximalkraft ohne *I*-*U*-Messung während Druck.

In der Literatur konnten unterschiedliche Experimente zu dieser Druckproblematik gefunden werden, die in Tabelle 6.4 vergleichend zusammengefasst und den hier durchgeführten Versuchen gegenübergestellt sind. Ein direkter Vergleich der Ergebnisse untereinander und auch mit den in dieser Arbeit durchgeführten Untersuchungen ist vor allem aufgrund variierender organischer Materialstapel sehr schwierig. Als Ergebnis aller drei Versuche, die in der Literatur dargestellt sind, ist ein höherer Strom bzw. eine höhere Stromstärke festgestellt worden, egal ob die Betrachtung vor und nach der Druckbelastung oder auch während des anliegenden Druckes durchgeführt wurde.

Diese Untersuchung hat gezeigt, dass sich die Leistungsfähigkeit der hier verwen-

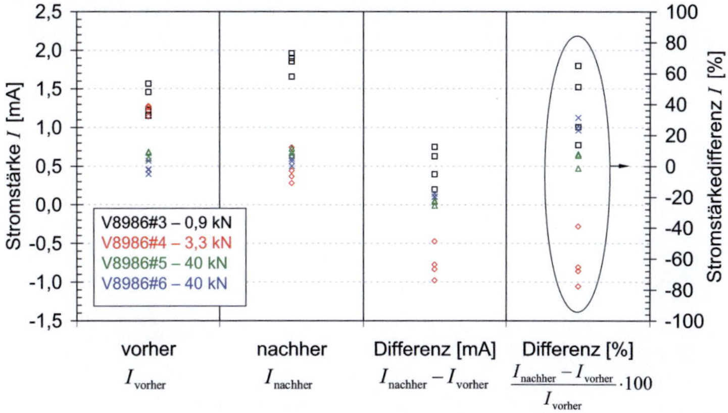

Abbildung 6.25 Stromstärke und -differenz vor und nach der Druckbelastung von OLEDs bei unterschiedlichen Endkräften.

deten OLED aufgrund unterschiedlichen Drucks nicht signifikant verändert. Somit lässt sich die OLED durch den aufgebrachten Druck während des Waferbondprozesses weder verbessern noch verschlechtern. Der wesentliche Unterschied zu den in der Literatur beschriebenen Versuchen ist der in dieser Arbeit verwendete kompliziertere Mehrschichtaufbau mit elektrisch dotierten Transportschichten (*p-i-n* OLED). Die daraus resultierende sehr gute Ladungsträgerinjektion und der gute -transport reduzieren eine mögliche Verbesserung der OLED-Eigenschaften durch Kompression der Materialien, was in der Literatur als Ursache für die beobachteten höheren Stromdichten vorgeschlagen wird.

Tabelle 6.4 Druckkraftbelastung auf OLED. Vergleich von durchgeführten Experimenten mit Ergebnissen aus der Literatur.

Druckerhöhung erzeugt während/vorher-nachher	Destruel et al. [DJCF99]	Kim et al. [KSL07]	Fan et al. [FSW+08]	Versuche in dieser Arbeit
Druckbereich [MPa]	0,1–100	2,3–6	0–50	0–2,26
OLED-Schichtstapel	ITO/TPD/Alq_3/Al	ITO/PEDOT-PSS/NPB/Alq_3/LiF/Al	ITO/NPB/Alq_3/MgAg/Ag	Al/NPB:Novaled P-Dotand/NPB/NPB:oranger Emitter/Novaled HBL+ETL/Ag/NPB
Stromstärke	steigt / -	- / -	- / -	gleich / gleich
Stromdichte (bei gleicher Spannung)	- / - 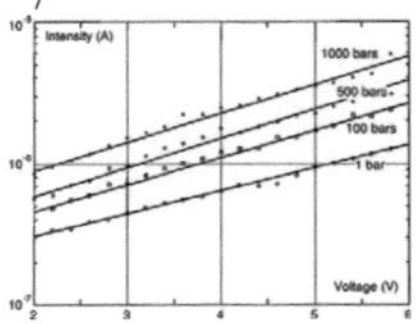	- / steigt 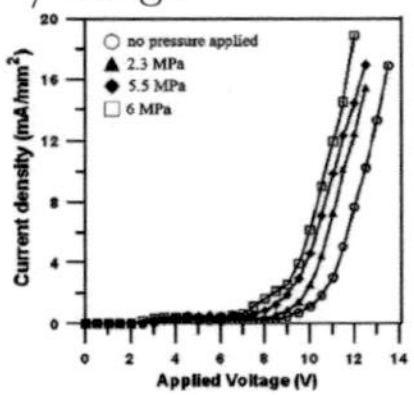	steigt / -	gleich / gleich[a]
Leuchtdichte (bei gleicher Stromdichte)	gleich / -	- / steigt	steigt / -	- / -
Stromeffizienz	-	- / steigt	gleich, sinkt / -	- / -

[a]Siehe Text.

6.2.6 Feinpositionierung

Positioniermarken

Die Marken für die Feinpositionierung befinden sich auf dem CMOS-Wafer und die Gegenstücke auf dem Verkapselungswafer. Für den CMOS-Wafer kann die letzte Metallschicht, die die OLED-Anode bildet, auch für die Marken genutzt werden. Hier entsteht kein zusätzlicher Aufwand, außer dass die Markenstrukturen in das Layout integriert werden müssen. Die Herstellung der Marken auf dem Verkapselungswafer sind aufwendiger. Verschiedene Möglichkeiten sind in Abbildung 6.26 gegenübergestellt. Zuerst wurden Versuche mit sandgestrahlten Marken durchgeführt. Diese Marken sind eine kegelförmige Vertiefung in dem Glas-Wafer in Form von rauen Kegelmantelflächen. Allerdings ist nach dem Klebstoffauftrag die vorher gut sichtbare Rauigkeit mit transparentem Klebstoff beschichtet und die Marken nicht mehr sichtbar. Bestehen die Marken aus dem Material der absorbierenden Farbfilterschichten, zeigt sich ein nutzbarer Kontrast, der das Finden mit Bilderkennungssoftware ermöglicht. Die Marken aus Metall zeigen einen sehr guten Kontrast und ermöglichen damit ein problemloses Auffinden und auch eine hochgenaue Positionierung. Diese Metallmarken befinden sich zwar in einer zusätzlichen Schicht, jedoch wird diese bereits bei der Herstellung der Farbfilterstrukturen benötigt, um eine Referenz zu schaffen, an der die folgenden Farbfilterschichten positioniert werden. Die Metallmarken sind für eine gute Erkennung und damit für ein gutes Positioniererergebnis zu bevorzugen. Sie sind in den später beschriebenen Chips integriert (siehe Abschnitt 7).

6.2.7 Freistellen der Kontaktflächen

Zum genauen Einstellen der erforderlichen Sägetiefe zum Freistellen wird durch eine Mikrometermessuhr für jeden Waferstapel nach dessen Verkapselung seine Gesamtstapeldicke an vier Punkten am Waferrand bestimmt (siehe Abbildung 6.27(a)). Das Ergebnis mehrerer Wafermessdaten zeigt einen planparallelen Waferstapel mit einer Dickenabweichung von maximal ±2,5 µm, wobei das Messwerkzeug eine Genauigkeit von 1 µm besitzt (siehe Abbildung 6.27(b)). Die gemessenen Dickenabweichungen sind für das Wafersägen unproblematisch, da die Genauigkeit der Sägetiefe im Bereich von 1–5 µm liegt. Auch die geringe Restglasdicke von

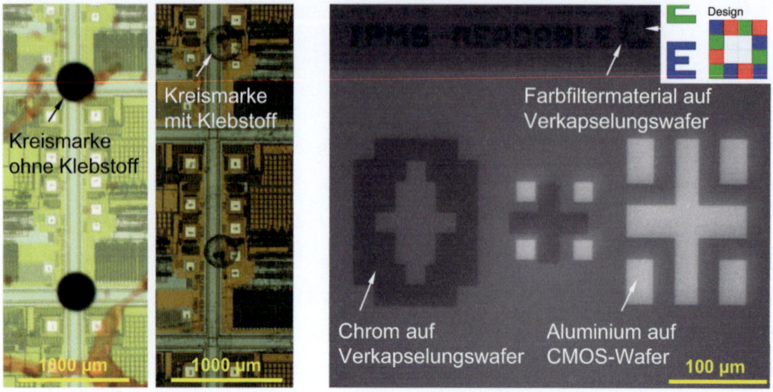

(a) Sandgestrahlte Marken mit rauen Kegelmantelflächen. Mit aufgetragenem Klebstoff nicht mehr sichtbar. (Auflichtmikroskop)

(b) Marke aus strukturiertem Chrom und Strukturen mit absorbierendem Farbfiltermaterial mit Mikroskopen des Aligners EVG IQ 200 TN aufgenommen. (Auflichtmikroskopbild Metallmarken: siehe Abbildung 5.2)

Abbildung 6.26 Möglichkeiten für Positioniermarken der Feinjustage auf dem Verkapselungswafer.

ca. 15 µm beim abgeänderten Sägeprozess (siehe S. 124) hätte durch eine größere Schwankung der Waferstapeldicke Probleme verursachen können, was mit maximal ±2,5 µm Waferstapeldickenabweichung nicht der Fall ist.

Das Freistellen der elektrischen Kontaktflächen des Chips ist für die nachfolgende elektro-optische Charakterisierung notwendig. Die Charakterisierung der Chips soll im Waferverbund erfolgen, weshalb beim Freistellen keine Vereinzelung in Einzelchips erfolgen darf. Es ist also nicht eine Variante aus [Mic04] zu verwenden, da hier Freistellen und Vereinzelung gleichzeitig erreicht wird. Abbildung 6.28(a) zeigt den Aufbau des Mikrodisplays um die Kontaktflächen. Begonnen wurde das Aufsägen der Kavitäten mit der Wafersäge (siehe Abschnitt 9.2.8) mit einem 250 µm breitem Sägeblatt, welches das dünne Glas der Kavität durch mehrere versetzte Schnitte wegschleift. Im Ergebnis liegen die Pads frei, jedoch sind Defekte nach dem Kavitätenöffnen zu erkennen (siehe Abbildung 6.28(b)), die später zu Kurzschlüssen und Kontaktierproblemen mit den Waferprobernadeln führten. Diese Defekte resultieren aus Glaspartikeln, die durch die Rotation des Sägeblattes eine Beschleunigung zum Wafer hin erhielten und so die Oberfläche beschädigten.

Um die beobachtete Beschädigung der Waferoberfläche durch die Glassplitter zu

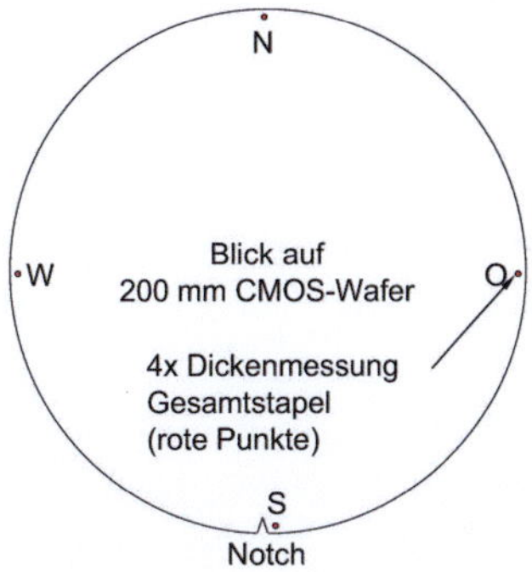

(a) Anordnung der Messorte.

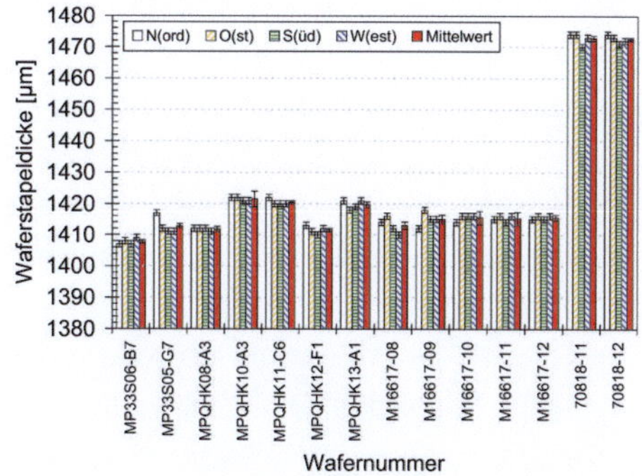

(b) Messwerte mehrerer Waferstapel unterschiedlicher Dicke.

Abbildung 6.27 Messung der Waferstapeldicke von adhäsiv gebondeten Glas- und CMOS-Wafern.

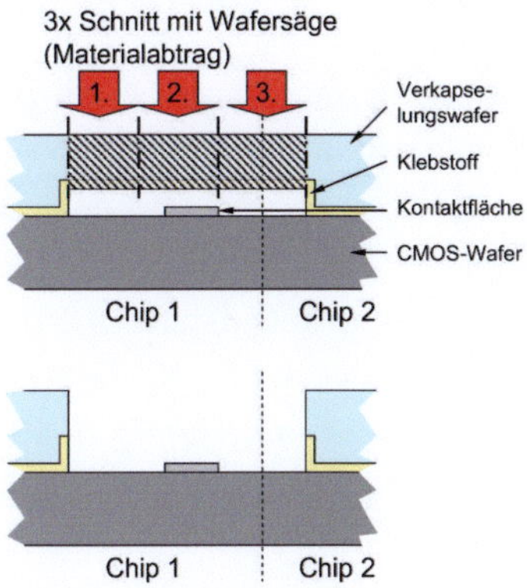

(a) Schematischer Querschnitt und Freistellung mit der Wafersäge.

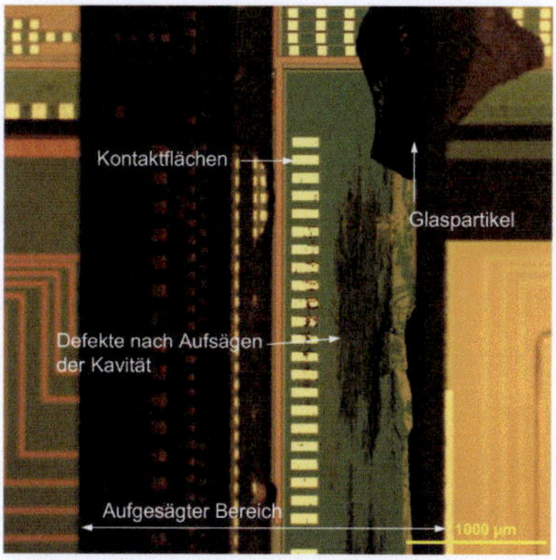

(b) Reale Aufsicht der freigestellten Kontaktflächen mit Defekten und Glaspartikel. Aufgesägter Bereich liegt nur teilweise über Kavität.

Abbildung 6.28 Detailaufbau des Mikrodisplays im Bereich der elektrischen Kontaktflächen vor und nach deren Freistellung durch Wafersägen.

vermeiden, sind mehrere Veränderungen am Sägeprozess in Zusammenarbeit mit Herrn Thomas Ludewig (FhG IPMS) vorgenommen worden:

- Nutzung eines 1 mm breiten Sägeblattes, damit nur ein Sägeschnitt durchzuführen ist und somit einem Vibrieren des freistehenden Glases, vor allem nach dem ersten Schnitt, verhindert wird.
- Verringerung der Eintauchtiefe des Sägeblattes nur bis ca. 10 µm unterhalb des Glasmaterials, um den Abstand zwischen Sägeblatt und CMOS-Wafer zu erhöhen.
- Umkehr der Rotationsrichtung des Sägeblattes, damit die Glaspartikel nicht in Richtung der CMOS-Oberfläche, sondern von dieser weg geschleudert werden.
- Einführen eines zweistufigen Sägevorganges, bei dem zuerst der größte Materialteil des Glases abgetragen wird und nur ein ca. 15 µm breiter Reststeg stehen bleibt. In einem zweiten Durchgang öffnet die Säge den Reststeg mit sehr geringem Materialabtrag und damit geringsten und kleinsten Glaspartikeln, die eine Beschädigung hervorrufen könnten.

Im Ergebnis dieser Änderungen konnte die Partikelerzeugung nicht endgültig vermieden werden. Vor allem Partikeleinschläge auf darunterliegendes CMOS-Gebiet bedingten massiv Kurzschlüsse.

Eine alternative Bearbeitung mit folgendem Ansatz konnte erfolgreich umgesetzt werden. Hierbei trennt ein schmales Sägeblatt von 100 µm Breite an den Kavitätskanten die Kavität auf. Dabei wird zuerst entlang der ersten Kavitätskante gesägt und dann eine Folie auf die Oberseite des gesamten Waferstapels laminiert. Nach dem Sägen entlang der zweiten Kavitätskante hängt das Glasreststück an der Folie und kann durch Abziehen entfernt werden. Dadurch wird auf die Kontaktflächen kein Glas geschleudert. Im Ergebnis sind die Kontaktflächen freigestellt und nicht beschädigt worden.

6.2.8 Beschriftung

Für die Auswertung von Chip-Messdaten ist es erforderlich, diesen eindeutig gekennzeichnet zu haben, um seinen Herstellungsprozess zurückzuverfolgen. Eine kennzeichnende Beschriftung ist hier notwendig. Alternativ kann ein Festspeicher im Chipdesign die Kenndaten des Einzelchips aufnehmen und später elektronisch

(a) Veränderte Planarisierungsschicht (Acryl) auf Glas.

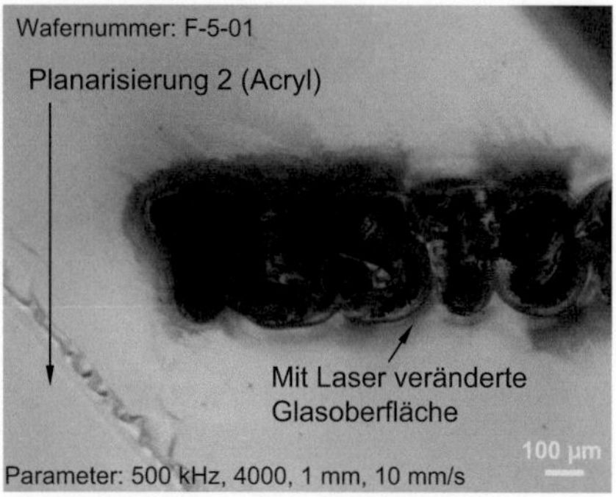

(b) Veränderte Glasoberfläche (Corning Eagle2000™). Der Energieeintrag ist zu groß, weshalb die Linien der Zeichen zu breit sind.

Abbildung 6.29 Laserbearbeitung mit einer Wellenlänge von $\lambda = 355\,\mu m$ von Oberflächen zur Herstellung von Chip-Beschriftung.

ausgelesen werden. Vorteil gegenüber der optischen Beschriftung ist der geringere Platzbedarf. Allerdings ist eine optische Inspektion in der Regel schneller und mit geringerem Aufwand durchzuführen. Eine Randbedingung für eine solche Beschriftung ist die Sichtbarkeit auch nach der Aufbau- und Verbindungstechnik (AVT). Deshalb ist z. B. das Aufbringen der Kennzeichnung auf die Chiprückseite nicht sinnvoll, da sie nach dem Chipbonden (Kleben auf einem Träger) nicht mehr sichtbar ist. Speicher mit der Chipseriennummer haben diese Anforderungen nicht.

Im Folgenden ist eine Variante für die optische Kennzeichnung der Einzelchips vorgestellt, die in Zusammenarbeit mit Herrn André Philip (Fraunhofer IPMS, COMEDD) getestet wurde. Das zur Verfügung stehende Lasersystem von 3D Micromac besitzt einen Laser mit der Wellenlänge 355 nm. Im ersten Versuch zur Strukturierung eines Verkapselungsglaswafers konnte leider nicht die Glasoberfläche, sondern nur die darauf befindliche transparente Planarisierungsschicht beschriftet werden (siehe Abbildung 6.29(a)). Dabei kam der Parametersatz

Laser-Pulsfrequenz:	500 kHz
Abschwächerposition:	1400
Laser-Leistung[24]:	1,8 W
Fokus-Offset:	1,0 mm
Verfahrgeschwindigkeit:	250 mm/s

zur Anwendung, der als Basisprogramm an der Maschine initial vorhanden war. Vermutet wurde, dass die vom Glas absorbierte Energie zur Veränderung der Oberfläche nicht ausgereicht hat. Deshalb sollte eine möglichst hohe Laser-Leistung beim folgenden Versuch verwendet werden. Nach Anpassung des Parametersatzes auf

Laser-Pulsfrequenz:	500 kHz
Abschwächerposition:	**4000**
Laser-Leistung:	**3,3 W**
Fokus:	1,0 mm
Verfahrgeschwindigkeit:	**10 mm/s**

konnte eine Kennzeichnung von Corning Eagle2000™ Glas erreicht werden (siehe Abbildung 6.29(b)). Die Verwendung von Quarzglas (Schott Lithosil® Q1) blieb erfolglos, was mit dem sehr großen Transmissionswert bei 355 nm (siehe Abschnitt 6.2.3) begründet werden kann. Dadurch ist die Absorption in dem Wellenlängenbereich sehr gering, an dem die Laserwellenlänge ihr Maximum besitzt. Das Quarzmaterial nimmt also keine Energie auf, durch welche es verändert und damit strukturiert werden könnte.

Ein Versuch der Laserbeschriftung fertig verkapselter Chips von der Vorderseite zeigte eine sichtbare Beschriftung (siehe Abbildung 6.30) bereits mit den Ausgangsparametern, welche die geringere Laserleistung bedeuteten. Im Bereich um die Beschriftung herum ist teilweise ein deutlicher Farbumschlag zu beobachten, weshalb hier von einer Materialveränderung durch den hohen Energieeintrag des Lasers ausgegangen werden muss. Aufgrund thermischer Spannungen ist an einigen Stellen sogar das Verkapselungsglas angerissen. Auch eine Variation des Laserparameters Fokushöhe konnte die Herstellung einer Beschriftung ohne Beschädigungen nicht bewirken.

Um für die Chipbeschriftung ein beschädigungsfreies Ergebnis mit diesem Lasersystem zu erzielen, sollte die Beschriftung zum einen an dem ungebondeten einzelnen

[24] ist bestimmt durch Laser-Pulsfrequenz und Abschwächerposition

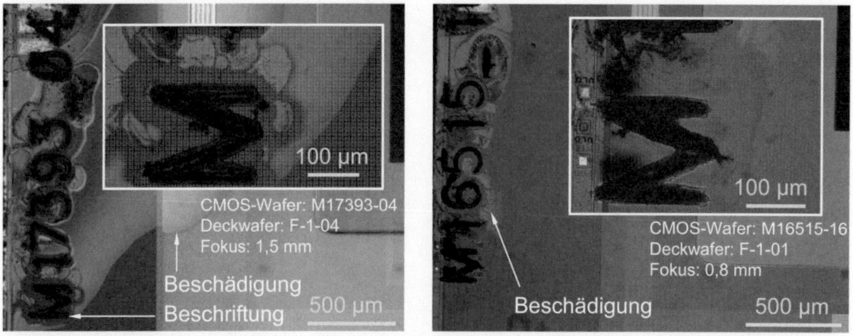

Abbildung 6.30 Laserbeschriftete CMOS-Chips verkapselt mit Farbfilter-Wafer aus Corning Eagle2000™ Glas. Der Laserparameter Fokus wurde variiert. Um die Beschriftung herum ist eine Beschädigung deutlich sichtbar.

Verkapselungswafer erfolgen. Dadurch ist kein schädigender Energieeintrag in die OLED oder den CMOS möglich. Zum anderen ist dafür die Wellenlänge von 355 nm ungeeignet, da hier das Glas nicht genügend Absorption aufweist und somit ein Materialabtrag schlecht bzw. im Falle von Quarzglas nicht möglich ist. Das Lasersystem müsste dafür mit einer anderen Laserquelle ausgerüstet werden.

6.2.9 Charakterisierung der Bauelemente

Elektro-optische Untersuchungen

Zur Charakterisierung der fertig verkapselten Wafer mit freigelegten Kontaktflächen kommt ein System aus Prober, Tester und optischem Aufbau mit folgenden Eigenschaften zum Einsatz (siehe Abbildung 6.31).

- Mixed-Signal-Tester FALCON M3670 realisiert die elektrische Ansteuerung der Chips.
- Wafer Prober der Firma Süss mit 300 mm Thermo-Chuck zur Verwendung von gesamten Wafern, Einzelchips oder Chipverbünden.
- Kamerasystem basierend auf LMK 98-4 der Firma TechnoTeam mit CCD und Filterrad.

Bevor die hergestellten Waferstapel zur Charakterisierung dem Prober-Tester-Kamera-System zugeführt werden können, ist nach praktischen Erfahrungen eine optische Inspektion notwendig, um die folgenden Probleme zu vermeiden.

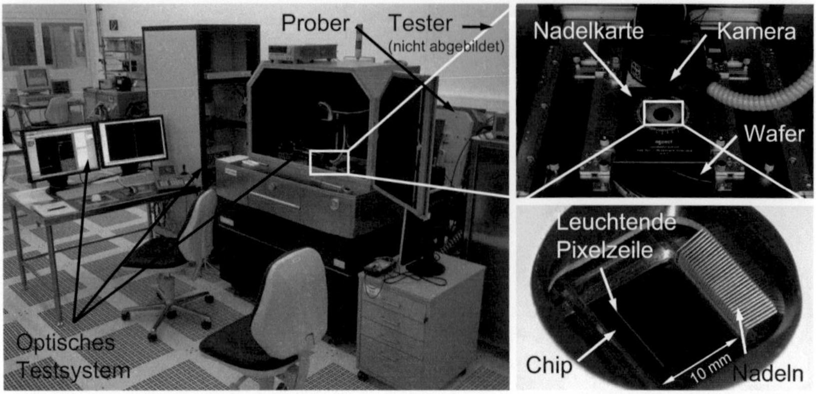

Abbildung 6.31 Aufbau des Systems zur Charakterisierung der verkapselten OLED-auf-CMOS-Wafer mit freigestellten Kontaktflächen. Über eine Nadelkarte wird jeweils ein Chip vollständig kontaktiert, mit elektrischen Signalen angesteuert und mit einem Kamerasystem optisch charakterisiert.

- Verbiegen oder Abbrechen einzelner oder aller Nadeln durch verschiedene Ursachen, u. a.: Glaspartikel auf den Kontaktflächen durch den Wafersägeprozess beim Freistellen der Kontaktflächen, nicht geöffnete Kavitäten aufgrund von Layoutfehlern beim Freistellen, Minimalabstand zwischen Kontaktfläche und Glaskante unterschritten.
- Beschmutzen der Nadeln durch Klebstoff auf Kontaktflächen, wodurch eine Erhöhung des Kontaktwiderstandes und im schlimmsten Fall keine elektrische Kontaktierung möglich ist.

Der erwähnte Minimalabstand zwischen Kontaktfläche und Glaskante ergibt sich mithilfe geometrischer Betrachtungen gemäß Abbildung 6.32. Der kleinste mögliche Anstellwinkel der Nadel α ist mit 7° und die maximale Nadellänge $l_{\mathrm{Nadel,\,max}}$ mit 1000 µm vom Nadelkartenhersteller HTT gegeben. Der Minimalabstand a_{min} von Kontaktfläche zu Glaskante und die notwendige Nadellänge $l_{\mathrm{Nadel,\,notw}}$ ergeben sich somit aus

$$a_{\mathrm{min}} = d_{\mathrm{Glas}} \cdot \tan(\alpha) \text{ und} \tag{6.6}$$

$$l_{\mathrm{Nadel,\,notw}} = \frac{d_{\mathrm{Glas}}}{\cos(\alpha)}, \tag{6.7}$$

wobei d_{Glas} die Dicke des Verkapselungswafers ist. In dieser Arbeit wird meist mit 700 µm Glasdicke gearbeitet, womit sich ein Minimalabstand von 86 µm und eine

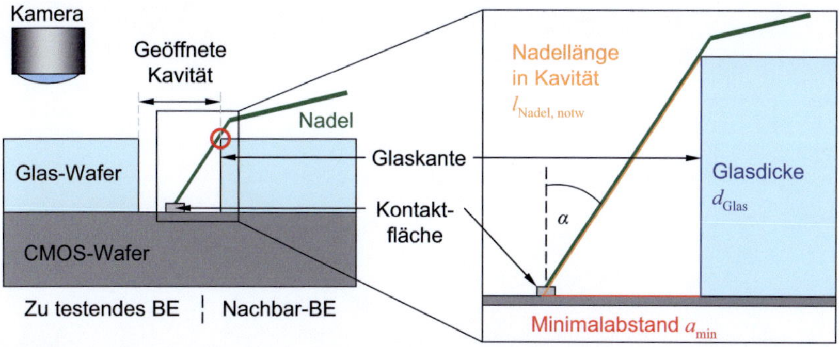

Abbildung 6.32 Geometrische Betrachtungen zum Minimalabstand zwischen Kontaktfläche und Glaskante. Ist dieser Minimalabstand nicht gegeben, wird die Nadel bzw. alle Nadeln verbogen oder abgebrochen. Der rote Kreis markiert die Problemstelle.

Mindestnadellänge von 705 µm ergibt. Der Abstand Kontaktfläche zu Glaskante ist optisch zu messen und muss größer sein als der Minimalabstand, um den Chip zur Charakterisierung zuzulassen.

Die Untersuchungsmöglichkeiten der elektro-optischen Charakterisierung umfassen

- den elektrischen Schaltungstest, wobei Anschlusswiderstand, Ströme (Eingangsverlust, statisch, Betrieb), Betriebsspannungen und die Funktion der elektronischen Schaltkreise (z. B. I^2C-Schnittstelle, Matrix-Ansteuerlogik) untersucht werden,
- den qualitativen Zustand des aktiven emittierenden OLED-Pixel-Gebietes anhand von Testbildern (z. B. Pixelfehler oder Degradationserscheinungen wie Darkspots),
- die Messung von Leuchtdichten und Farbkoordinaten nach CIE1931 mit einer Auflösung von bis zu 0,66×0,66 µm pro Pixel.

Zusätzlich ist mit einem proprietären Messplatz die Abnahme der Leuchtdichte von OLED-Mikrodisplays zu vermessen. Diese Untersuchungen wurden u. a. von Frau Tina Tauchnitz durchgeführt. Diese Messmethoden wurden auf unterschiedlichen, zuvor mit dem neuen Technologiekonzept verkapselten, Bauelementen angewendet. Das folgende Kapitel 7 beschreibt die unterschiedlichen Anwendungsgebiete und die an den Bauelementen gemessenen Charakteristika.

7 Technologieanwendung

Der zur Verfügung stehende zuvor beschriebene Verkapselungsprozess wird nun für verschiedene Bauelemente verwendet. Im Folgenden sind diese Anwendungsmöglichkeiten in deren Funktionen dargelegt und die Ergebnisse der Charakterisierung zusammengefasst.

7.1 Mikrodisplay

7.1.1 Aufbau und Herstellung

Die erste hier beschriebene Anwendung der Verkapselungstechnologie zielt auf die Herstellung eines OLED-Mikrodisplays, welches die Anforderungen an die Verwendung als Head-Mounted-Display (HMD) erfüllen soll. Dieses Mikrodisplay ist im Projekt HYPOLED (High-Performance OLED-Microdisplays for Mobile Multimedia HMD and Projection Applications)[25] entwickelt worden. Zusätzlich ist dessen Anwendung als Mikroprojektor mit demselben Chipdesign vorausgesetzt. In Abbildung 7.1 ist dieses Display in seiner Struktur dargestellt. Es weist folgende Eigenschaften auf:

- SM-OLED Mikrodisplay
- Mehrfarbig (RGB) oder monochrom
- Chipgröße: $11 \times 12\,\mathrm{mm}^2$
- Pixelmatrixgröße: $\sim 8{\times}6\,\mathrm{mm}^2$
- Auflösung: VGA (640×480 Pixel)
- Pixelgröße: $12 \times 12\,\mu\mathrm{m}^2$ (RGB-Subpixel $5{,}5 \times 7{,}5\,\mu\mathrm{m}^2$ mit Subpixelzwischenraum von $0{,}5\,\mu\mathrm{m}$)
- Füllfaktor: 86 %

[25] Gefördert durch die Europäische Kommission mit dem Förderkennzeichen ICT-2007.3.2-217067, http://www.hypoled.org

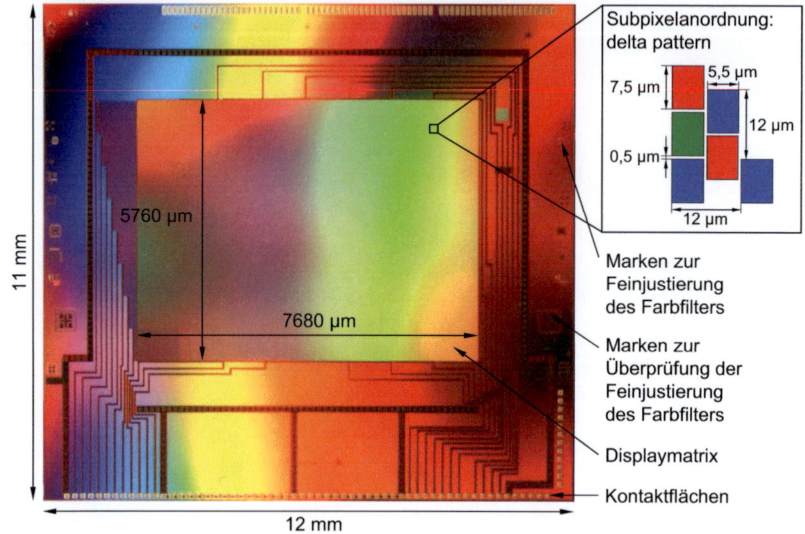

Abbildung 7.1 Aufbau des CMOS-Mikrodisplays für die Anwendung als Head-Monted-Display (HMD). Foto des CMOS ohne OLED-Schichtstapel.

- Farbtiefe: 24 Bit
- Leuchtdichte: 1000 cd/m^2 (farbig), 30000 cd/m^2 (monochrom)
- Anschlüsse: 60 Kontaktflächen (Pads)
- Betriebsspannung: 1,8 V (Digital und Analog)
- OLED-Kathodenspannung: typ. -5 V
- Bildfrequenz: 40–60 Hz
- Gesamtleistungsaufnahme: 65 mW (farbig), 110 mW (monochrom)
- Mobile Anwendung mit integriertem System: Mediabox mit DVB-T, DVB-H, WLAN

Die Verkapselung dieser Wafer lief nach der entwickelten Prozessschrittabfolge ab (siehe Abbildung 6.1, S. 86). Aufgrund eines Herstellungsfehlers der Farbfilter-Wafer (siehe Abschnitt 6.2.5) wurde die Vorpositionierung manuell durchgeführt (siehe S. 114). Im Ergebnis der Verkapselung lag der Waferverbund, wie in Abbildung 7.2 dargestellt, vor.

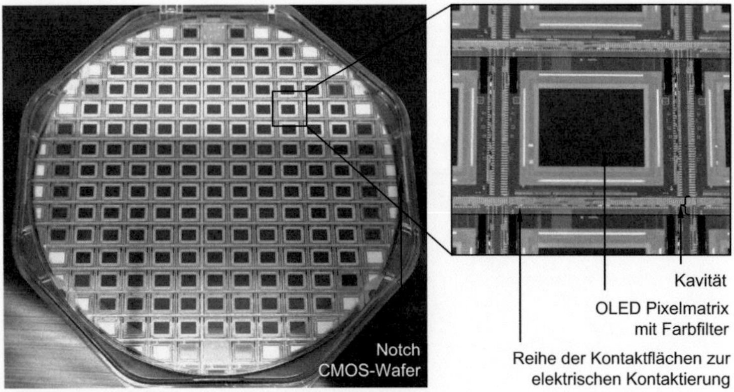

Abbildung 7.2 Mit adhäsivem Waferbonden direkt verkapselter OLED-Mikrodisplay-Wafer (M17393-2) mit top-emittierender weißer *p-i-n* SM-OLED und RGB-Farbfilter-Wafer (F-1-05).

7.1.2 Charakterisierung

Positioniergenauigkeit

Die optische Auswertung der Feinjustage konnte nicht anhand der dafür vorgesehenen Noniusstrukturen erfolgen, da diese Strukturen von Farbfilter und CMOS aufgrund des fehlerhaften Farbfilters nicht übereinander lagen. Stattdessen zeigen die Mikroskopaufnahmen die Pixelmatrix mit einem Versatz zur Farbfilterstruktur (siehe Abbildung 7.3), wobei in diesem Fall eine Verschiebung des Farbfilters um etwa 1 µm in x-Richtung und um etwa 1,5 µm in y-Richtung zu erkennen ist. Ein genaues Ablesen war so aber leider nicht möglich.

In Abschnitt 6.2.2 sind zwei Ursachen der Fehlposition des Farbfilters erläutert. Der Erstbelichtungsversatz kann hier aufgrund des fehlerhaften Farbfilter-Wafers nicht vermessen werden, möglich ist aber die Messung des unterschiedlichen Retikel-Schrittmaßes von CMOS- und Farbfilter-Wafer. Mit den folgenden Formeln und Definitionen kann der Unterschied im Schrittmaß Δa_{x} und Δa_{y} berechnet werden.

$$\Delta a_{\mathrm{x}} = \frac{1}{n_{\mathrm{x}}} \left(\sqrt{(\Delta x_{\mathrm{r}} - \Delta x_{\mathrm{l}} + a_{\mathrm{c,\,x}} \cdot n_{\mathrm{x}})^2 + (\Delta y_{\mathrm{r}} - \Delta y_{\mathrm{l}})^2} - a_{\mathrm{c,\,x}} \cdot n_{\mathrm{x}} \right) \tag{7.1}$$

$$\Delta a_{\mathrm{y}} = \frac{1}{n_{\mathrm{y}}} \left(\sqrt{(\Delta x_{\mathrm{o}} - \Delta x_{\mathrm{u}})^2 + (\Delta y_{\mathrm{o}} - \Delta y_{\mathrm{u}} + a_{\mathrm{c,\,y}} \cdot n_{\mathrm{y}})^2} - a_{\mathrm{c,\,y}} \cdot n_{\mathrm{y}} \right) \tag{7.2}$$

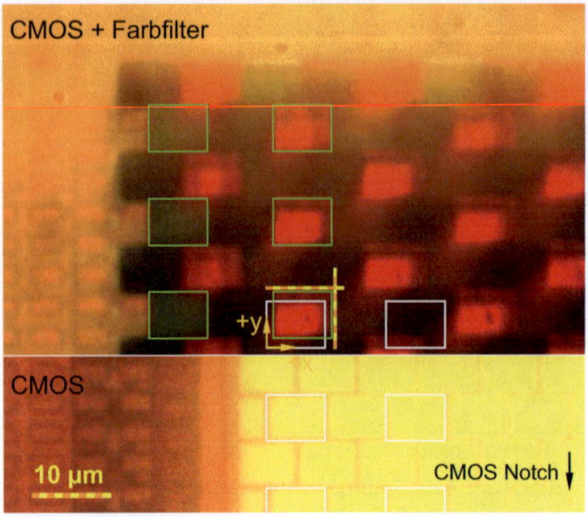

Abbildung 7.3 Auflichtmikroskopaufnahme: Versatz von OLED-Mikrodisplay-Wafer (M17393-2) und Farbfilter-Wafer (F-1-05) anhand eines Nur-CMOS-Chips (Chipnummer: links von #102) und eines CMOS+Farbfilter-Chips (Chipnummer #102).

Zeichen	Beschreibung	Beispiel
Δx_r; Δy_r	gemessener Versatz rechter Chip in x-, y-Richtung [µm]	5,8; -9,2
Δx_l; Δy_l	gemessener Versatz linker Chip in x-, y-Richtung [µm]	6,0; -10,0
Δx_o; Δy_o	gemessener Versatz oberer Chip in x-, y-Richtung [µm]	5,9; -10,5
Δx_u; Δy_u	gemessener Versatz unterer Chip in x-, y-Richtung [µm]	6,1; -9,0
n_x; n_y	Retikelschritte in x-, y-Richtung	8; 9
$a_\mathrm{c,\,x}$; $a_\mathrm{c,\,y}$	Stepmaß CMOS in x-, y-Richtung [µm]	11770; 13645
Δa_x; Δa_y	Stepmaßunterschied in x-, y-Richtung [µm]	-0,02; -0,17

Hierfür ist in jedem Chip dieselbe CMOS-Struktur als Referenz zu verwenden und die Richtung des Versatzes vom Farbfilter vorzeichenrichtig zu messen. Bei dem gezeigten Beispiel ist das Stepmaß des Farbfilter-Wafers (F-1-06) in x-Richtung um 0,02 µm und in y-Richtung um 0,17 µm kleiner als das Schrittmaß des CMOS-Wafers (M17393-11). Für die maximale Fehlposition eines Retikels ergibt sich somit 0,36 µm bei 16 Chips (15 Schritte) in x- und 2,01 µm bei 13 Chips (12 Schritte) in y-Richtung.

Vergleicht man diese Verschiebungswerte mit der Sub-Pixelgröße von $5{,}5 \times 7{,}5\,\mu\mathrm{m}^2$, ist ein wesentlicher Einfluss auf die Emissionskenndaten des Displays zu erwarten. Zum Beispiel ist eine Farbpunktverschiebung wahrscheinlich, da Streulicht auch durch die versetzten Farbfilter dringt. Um infolge dieses Aspektes eine möglichst hohe Chip-Ausbeute auf einem Wafer zu erzielen, ist die Feinpositionierung an 2 Chips in großem Abstand zueinander durchzuführen. Es muss auch immer gewährleistet sein, dass das Gut-Chip-Gebiet im Waferzentrum liegt. Zum Waferrand hin verschieben sich dann die Farbkennwerte. Die Anordnung der Sub-Pixel hat hier ebenso einen wesentlichen Einfluss auf die Chipausbeute wie die Abstände (pixel gap) zwischen den Sub-Pixeln.

Um diesen Versatz zu verringern, wurde bereits die Möglichkeit des Mess-CMOS-Wafers für die Anpassung der Farbfilterherstellung in Abschnitt 6.2.2 (S. 94) diskutiert.

Spektrum, Leuchtdichte und Farbort

Die elektro-optische Vermessung eines Chips zeigt die folgenden Ergebnisse, wobei als Grundlage die Anzeige eines Vollbildes jeweils in den Farben Rot, Grün, Blau und Weiß genutzt wurde. Der OLED-Schichtaufbau und das gemessene Emissionsspektrum der Einzelfarben des Displays nach den Farbfiltern ist in Abbildung 7.4 veranschaulicht. Zum Vergleich ist das Emissionsspektrum einer Referenzprobe mit demselben OLED-Schichtaufbau angegeben. Diese Referenzprobe ist mit blankem Glas ohne Filter verkapselt. Von den verwendeten Farbfiltern der Farben Rot, Grün und Blau sind Muster vorhanden, welche in ihrer Transmission mit einem Spektrometer von Ocean Optics vermessen wurden. Mit diesen Farbfiltermustern wurde jeweils das transmittierte Spektrum der Referenz-OLED nocheinmal gemessen. Diese Messungen zeigen, dass die Einzelfarben des Mikrodisplays Anteile der jeweils anderen Farben enthalten. Zum Beispiel zeigt das rote Mikrodisplay-Testbild im Vergleich zur Referenz-OLED mit rotem Farbfilter größere Intensitäten bei 453 nm und 482 nm und eine zusätzliche Spitze im grünen Bereich bei 556 nm. Diese Ergebnisse korrelieren mit den Ergebnissen der optischen Charakterisierung, bei denen eine Verschiebung des Farbfilters zu der CMOS-Pixelmatrix festgestellt wurde.

Die Ergebnisse der Displayvermessung sind in Tabelle 7.1 zusammengefasst und zeigen den Farbort und die Leuchtdichte des jeweiligen Farbtestbildes bei einer Spannung von 7 V.

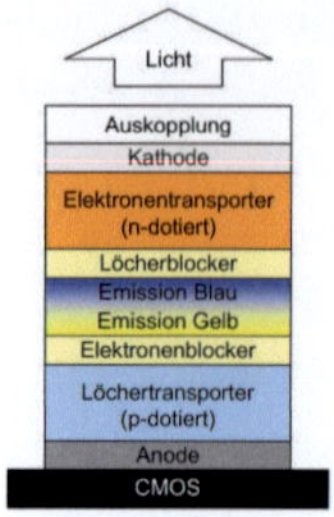

(a) Schichtstapel der verwendeten p-i-n 2-Farb-Weiß-OLED.

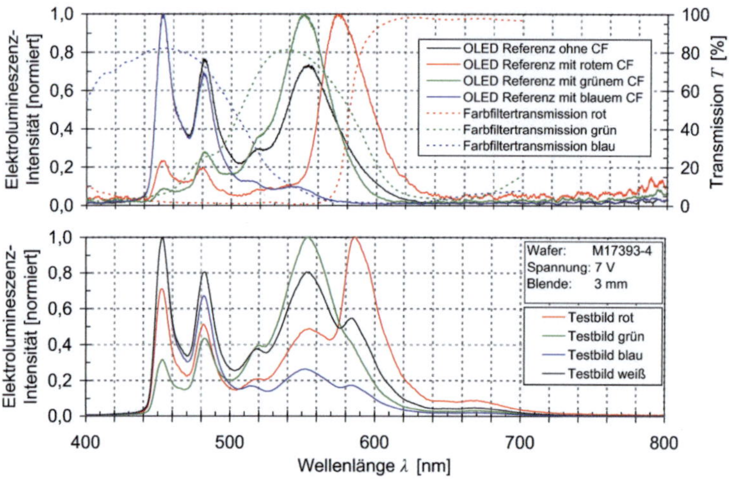

(b) Emissionsspektrum jeweils eines Vollbildes in den Farben Rot, Grün, Blau und Weiß in Displaymitte mit 3 mm Blende.

Abbildung 7.4 Topemittierende kalt-weiße OLED mit blauer und gelber Emitterschicht.

Tabelle 7.1 Leuchtdichte des weißen OLED-Mikrodisplays mit Farbfilter, gemessen mit 3 mm Blende.

Farbe	Wellenlänge [nm]	Farbort x y CIE1931, 2°		Spannung [V]	Leuchtdichte [cd/m^2]
Rot	586	0,389	0,388	7,0	61,0
Grün	554	0,321	0,515	7,0	159,6
Blau	453	0,228	0,270	7,0	68,2
Weiß	453	0,298	0,396	7,0	210,7

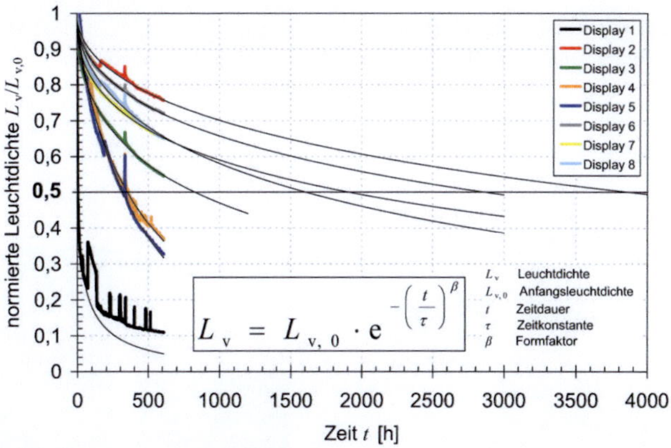

Abbildung 7.5 Abnahme der Leuchtdichte von Test-OLED-Mikrodisplays (ohne CMOS-Schaltkreis) mit zunehmender Betriebsdauer.

Lebensdauer und Darkspots

Zur Bestimmung der Betriebslebensdauer der OLED-Mikrodisplays wurden acht identische Test-Chips ohne aktiven CMOS-Schaltkreis dem Test unterzogen (Wafer-Laufkarte: SPK2353). Sie wurden jeweils 611 Stunden lang mit einer konstanten Stromstärke betrieben. Dabei wurde die relative Abnahme ihrer Helligkeit aufgezeichnet (siehe Abbildung 7.5).

Auf dieser Datenbasis wurde jeweils der weitere Verlauf der Leuchtdichte mit Gleichung 2.8 extrapoliert und die OLED-Betriebslebensdauer T_{50}, also die Zeitdauer bis zum Erreichen des halben Leuchtdichte-Initialwertes, berechnet. Die Tabelle 7.2 zeigt die Ausgangsleuchtdichten, die Lebensdauern und jeweils das von der Messkamera aufgezeichnete Bild des Displays zu Beginn und nach dem 611-Stunden-Betriebstest.

Zu erkennen sind bereits am Anfang große nichtleuchtende Bereiche (dark spots) (siehe vorletzte Spalte der Tabelle 7.2), da diese Chips bereits anderen Tests unterzogen wurden. Dies ist für die Bestimmung der Betriebslebensdauer nicht ausschlaggebend. Vielmehr ist dafür der emittierende Bereich interessant. Die Mikrodisplays verhalten sich trotz identischer Herstellung (alle Displays von einem Wafer) sehr unterschiedlich. Die Hälfte der Displays erreicht keine 1000 h, wohingegen die anderen darüber, sogar bis knapp 4000 h liegen. Die Ursache für diese starke Schwankung konnte nicht festgestellt werden.

Tabelle 7.2 Betriebslebensdauertest von OLED-Test-Mikrodisplays ohne CMOS-Schaltkreis mit Anfangs- und Endbildern und die bestimmten Lebensdauern.

Displaynummer	Leuchtdichte vorher $L_{v,0}$ [cd/m^2]	Leuchtfläche vorher[a] A [mm^2] / [%]	Leuchtfläche nachher A [mm^2] / [%]	Lebensdauer[b] T_{50} [h]	Kamerabild vorher	Kamerabild nachher
1	414	24,3 / 91,5	nicht messbar[c]	5	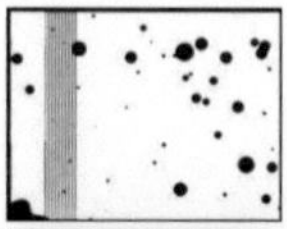	
2	459	23,7 / 89,2	20,6 / 77,4	3883		
3	2055	11,8 / 44,3	8,4 / 31,5	832	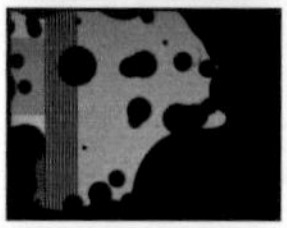	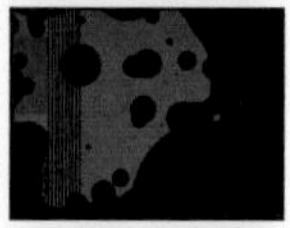
4	550	20,1 / 75,6	17,4 / 65,5	344	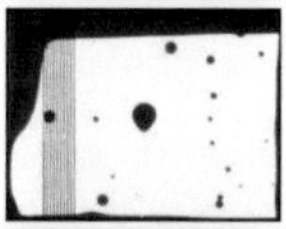	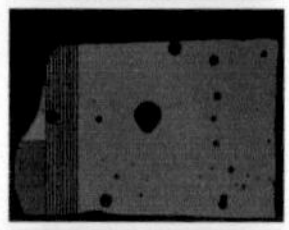
5	603	18,5 / 69,5	13,3 / 50,1	1918		
6	432	22,6 / 85,1	20,8 / 78,1	2875		
7	502	20,8 / 78,1	15,8 / 59,3	317	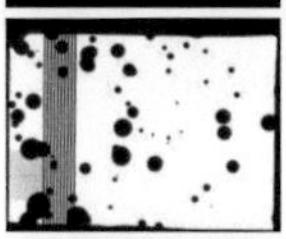	
8	426	21,4 / 80,4	19,8 / 74,4	1613		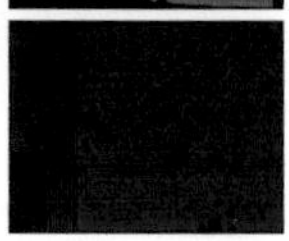

[a] Die Displaygesamtleuchtfläche beträgt 26,59 mm^2, wovon die Darkspotfläche zu Messbeginn mithilfe der Bildverarbeitungssoftware ImageJ abgezogen wurde.

[b] Zeitdauer, bis 50 % der Ausgangsleuchtdichte erreicht sind. Die Werte größer als 611 h sind nach Gleichung 2.8 extrapoliert (siehe Text).

[c] Konnte aufgrund zu geringer Leuchtdichte nicht gemessen werden.

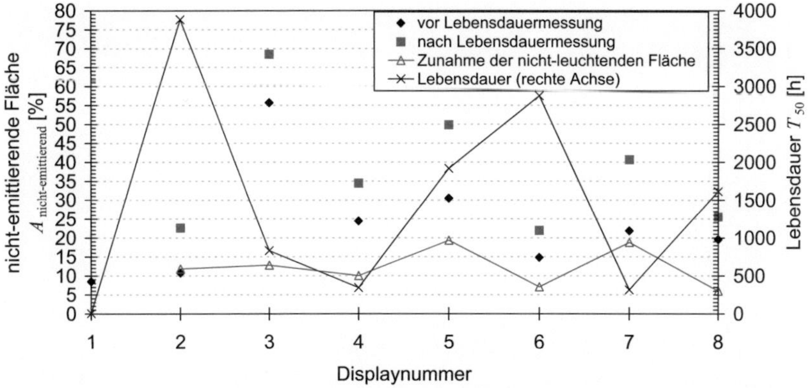

Abbildung 7.6 Anteil der nicht-emittierenden Fläche an der theoretischen Gesamtleuchtfläche $A_{\text{Theorie}} = 26{,}59\,\text{mm}^2$ des Mikrodisplays vor (schwarze Raute) und nach (rotes Quadrat) der Lebensdauermessung. Der Zuwachs dieser nicht-emittierenden Fläche (blaues Delta) konnte aufgrund zu geringer Leuchtdichte nach dem Lebensdauertest für Display 1 nicht bestimmt werden. Für die anderen Displays schwankt diese Zunahme zwischen 5 % und 20 %. Zum Vergleich ist die Mikrodisplaylebensdauer dargestellt (rechte Achse), wobei keine Abhängikeit zur Flächenzunahme nicht-emittierender Gebiete gefunden werden kann.

Der Vergleich der leuchtenden Displayfläche zu Beginn und am Ende der Lebensdauermessung ergibt, dass sich diese verkleinert. Ausgehend von den Kanten des Displayrandes und der Darkspots wächst die nicht-emittierende schwarze Displayfläche. Diese Erscheinung wirkt bei der Messung der Helligkeit mit und ist somit der intrinsischen Helligkeitsabnahme der OLED überlagert. Die Abbildung 7.6 zeigt den Anteil der nicht-emittierenden Fläche vor und nach der Lebensdauermessung an der gesamten theoretischen Leuchtfläche von $A_{\text{Theorie}} = 26{,}59\,\text{mm}^2$ und stellt die Flächenzunahme dar. Diese liegt zwischen 5 % und 20 % (Mittelwert 12,3 %, Standardabweichung 4,8 %). Beim Vergleich dieser Flächenzunahme der nicht-emittierenden Gebiete mit der Mikrodisplaylebensdauer kann keine Abhängigkeit zwischen beiden Größen gefunden werden (siehe Abbildung 7.6).

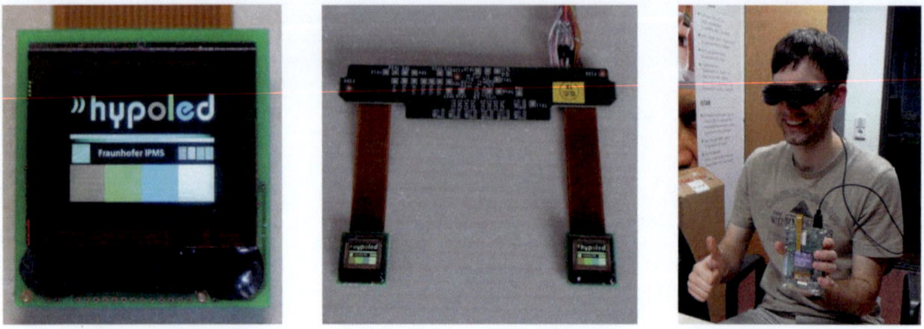

(a) Mikrodisplay auf PCB. (b) Aufbau zweier Displays. (c) Einsatz im HMD.

Abbildung 7.7 OLED-Mikrodisplay mit weißem Emitter und RGB-Farbfilter für den Einsatz in einem Head-Mounted-Display-Demonstrator (HMD).

7.1.3 Demonstratoren

Die hergestellten und mit der hier entwickelten Technologie verkapselten OLED-Mikrodisplays konnten zu funktionstüchtigen Bauelementen aufgebaut werden und als Grundlage für Demonstrationsmuster dienen. Die Demonstratoren wurden von Herrn Dr. Thomas Preßberger und Herrn Daniel Kreye (FhG IPMS) aufgebaut.

Head Mounted Display (HMD)

Die Abbildung 7.7 stellt ein Head-Mounted-Display dar, wo zwei Mikrodisplays mit weißer OLED und RGB-Farbfilter jeweils ein Auge bestrahlen. Die aufsetzbare Brille zeigt den Bildinhalt unabhängig von äußeren Einflüssen in einer dunklen Umgebung. Die Ansteuerung, welche für den dargestellten Bildinhalt zuständig ist, befindet sich in einer tragbaren Mediabox.

Micro Projection Unit (MPU)

Weiterhin findet dieses Mikrodisplaydesign in einem Mikroprojektor Anwendung. Dieser ist aus drei monochromen Mikrodisplays der Farben Rot, Grün und Blau zusammengesetzt (siehe Abbildung 7.8). Die Mikrodisplayverkapselung von drei jeweils mit monochromer OLED beschichteten Wafern ist demnach mit blankem Glas ohne Farbfilter vom Autor nach dem entwickelten Verkapselungsverfahren realisiert worden. Die erzeugten monochromen Bilder werden von einer würfelför-

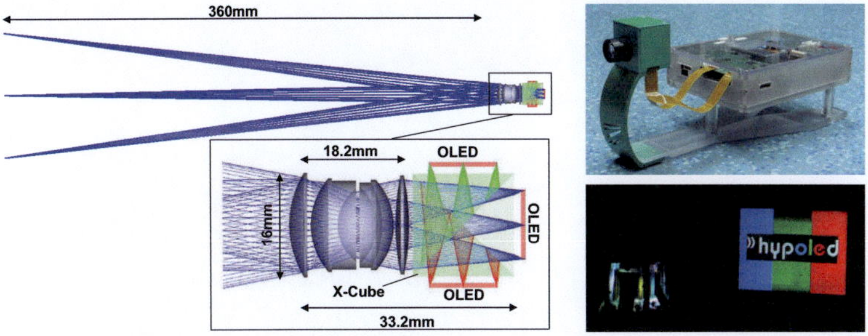

(a) Schematischer Aufbau der MPU. (b) Demonstrator in Betrieb.

Abbildung 7.8 Mikro-Projektions-Einheit (MPU – micro projection unit) mit 3 monochrom emittierenden OLED-Mikrodisplays in den Farben Rot, Grün, Blau ohne Farbfilter.

migen Optik (sog. X-Cube) überlagert, an deren drei Seiten die Einzeldisplays hochgenau positioniert sind. Ein Linsensystem aus 6 Einzellinsen projiziert das Vollfarbkombinationsbild an eine Fläche in etwa 40 cm Entfernung.

Der aufgebaute Demonstrator zeigt das projizierte Bild aus den drei OLED-Mikrodisplays. Das grüne Teilbild hat einen bereits reduzierten Emissionsbereich, was an dem grünen Bildstreifen zu erkennen ist. Weiterhin ist die Anforderung der hohen Positioniergenauigkeit der Displays zum X-Cube erkennbar, was an weißen Objektkanten des dargestellten Bildes zu beobachten ist. Hier ist das Weiß in seine Einzelfarbkomponenten aufgeteilt.

7.2 Bidirektionales Mikrodisplay

7.2.1 Aufbau und Herstellung

Als weiteres Beispiel für die Anwendung soll hier in seinen wesentlichen Eigenschaften ein bidirektionales OLED-Mikrodisplay vorgestellt werden, welches im Rahmen des Projektes iSTAR (**I**nteractive **S**ee-**T**hrough **A**ugmented-**R**eality Displays)[26] von mehreren Fraunhofer Instituten entwickelt wurde. Es vereint eine anzeigende Komponente (Display) und eine aufnehmende Komponente (Kamera) monolithisch

[26] Förderkennzeichen: WISA 817 805 (**W**irtschaftsorientierte **S**trategische **A**llianz), http://www.istar-project.org

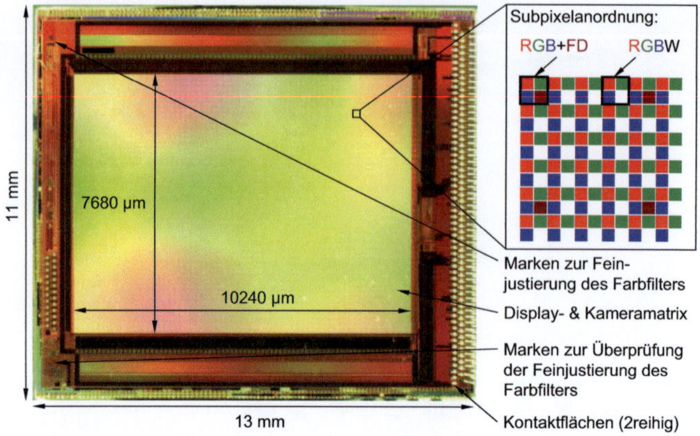

Abbildung 7.9 Aufbau des Mikrochips mit ineinander verschachtelter Display- und Kameramatrix. Ein Pixel besteht aus vier Subpixeln, wobei das 4. Subpixel eine Fotodiode (FD) oder ein weißer Bildpunkt (W) ist.

in einem Chip. Dazu sind auf einem Chip die Display- und die Kamera-Matrix, welche aus Fotodioden (FD) besteht, ineinander verschachtelt. Die Abbildung 7.9 zeigt den Chipaufbau und die Anordnung der Farbfilterbildpunkte.

Das Displaybauelement weist folgende Kenndaten auf:

- SM-OLED Mikrodisplay
- Vollfarbdarstellung
- Chipgröße: $13 \times 11\,\mathrm{mm}^2$
- Pixelmatrixgröße: $\sim 10{,}2 \times 7{,}7\,\mathrm{mm}^2$
- Auflösung: VGA (640×480 Pixel)
- Pixelgröße: $16 \times 16\,\mu\mathrm{m}^2$ (RGB-Subpixel $7 \times 7\,\mu\mathrm{m}^2$ mit Subpixelzwischenraum von $0{,}5\,\mu\mathrm{m}$)
- Füllfaktor: 86 %
- Farbtiefe: 24 Bit
- Leuchtdichte: $1\,000\,\mathrm{cd/m}^2$ (farbig), $30\,000\,\mathrm{cd/m}^2$ (monochrom)
- Anschlüsse: 60 Kontaktflächen (bond pads)
- Betriebsspannung: 1,8 V (digital und analog)
- OLED-Kathodenspannung: typ. -5 V
- Bildfrequenz: 40–60 Hz
- Gesamtleistungsaufnahme: 65 mW (farbig), 110 mW (monochrom)

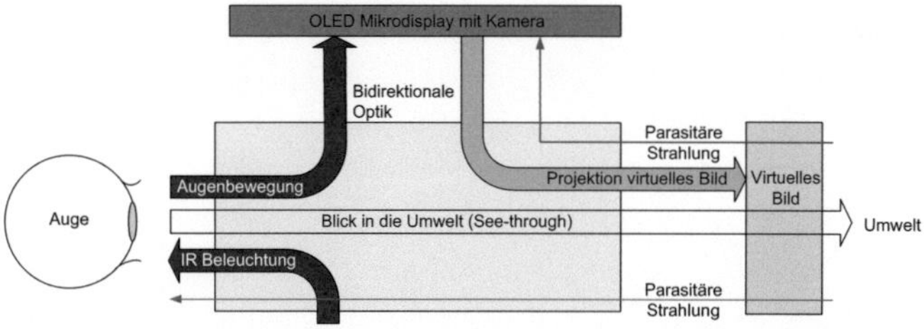

Abbildung 7.10 Systemaufbau des bidirektionalen Head-Mounted-Displays mit einer transparenten Optik und einem OLED-Mikrodisplay mit verschachtelter Kameramatrix nach [Her10].

Die Herstellung des Displays erfolgte gemäß dem in dieser Arbeit entwickelten Verkapselungsvorgang nach Abbildung 6.1 (siehe S. 86), wobei ein Farbfilter-Wafer mit absorbierendem Farbfiltermaterial verwendet wurde. Die Herstellung des Displays ist teilweise in [FSH+11] veröffentlicht.

7.2.2 Systemaufbau

Im Gegensatz zu der zuvor beschriebenen Anwendung ist dieses System transparent, also für eine sogenannte See-through-Applikation entwickelt worden. Für diesen Aufbau ist die Optik eine große Herausforderung, da hier der emittierte, empfangene und durchgehende Strahlungsanteil beachtet werden müssen. Letztendlich ist vor allem auch die Gerätebaugröße für die Optik beschränkend, da im Ergebnis auch ein auf dem Kopf tragbares System gefordert ist.

Die Abbildung 7.10 zeigt den strukturellen Systemaufbau, welcher die Funktionen

- Blick auf die reale Umwelt,
- Projektion eines virtuellen Bildes und
- die Erfassung der Augenbewegung zur Steuerung des virtuellen Bildinhaltes

in sich verbindet. Hinzu kommt die Datenverarbeitung, welche für die Erzeugung des virtuellen Bildes mit der sogenannten Plattform für die augmentierte Realität und die Systemsteuerung mithilfe der Augenbewegung über Eye-Tracking-Algorithmen verantwortlich ist.

7.2.3 Verwendung

Aufgrund seiner Eigenschaften bietet das Display optimale Voraussetzungen für den mobilen Einsatz, wofür ein integriertes Mediabox-System mit Schnittstellen wie DVB-T, DVB-H und WLAN zur Verfügung steht. Der Anwendungsbereich erstreckt sich vom Konsumerbereich über den Katastrophenschutz bis zur industriellen Nutzung. Bei Letzterem können z. B. Wartungsarbeiten durch das Einblenden von Zusatzinformationen und Tätigkeitsabfolgen unterstützt werden.

8 Zusammenfassung

Der Schluss dieser Arbeit bietet eine zusammenfassende Darstellung der wichtigsten Ergebnisse. Es sollen die Möglichkeiten, die diese Verkapselungstechnologie bietet, aber auch Beschränkungen für diese Technologie aufgezeigt werden. Ein kurzer Ausblick auf weitere Entwicklungsrichtungen schließt die Darlegungen ab.

8.1 Arbeitsergebnisse

Im Zentrum dieser Dissertation stand die Entwicklung und Erforschung einer Verkapselungstechnologie, die für OLED-auf-CMOS-Bauelemente geeignet ist. Dafür wurden die folgenden Kernpunkte untersucht und daraus die beschriebenen Erkenntnisse gewonnen.

1. Die vielfältigen Herausforderungen an ein geeignetes Verkapselungsverfahren sind u. a. eine geringe Sauerstoff- (OTR) und Wasserdampfpermeation (WVTR), eine hohe Transmission für die OLED-Emission, ein geringer Flächenbedarf der Verkapselung und ein schneller Prozessablauf mit hohem Durchsatz, der minimale Kosten erzeugt. Als Verkapselungsmöglichkeiten wurden die Rahmen-, die Direkt- und die Dünnschichtverkapselung vergleichend gegenübergestellt. Als umzusetzendes Konzept wurde eine hybride Kombination aus Dünnschicht- und Direktverkapselung ausgewählt.

2. Um das Funktionsprinzip von direktem Klebstoffkontakt auf aktiver OLED-Emissionsfläche zu erforschen, wurden verschiedene Epoxidharzklebstoffe ausgewählt und OLED-Proben damit direkt verkapselt. Dafür wurde ein Versuchsaufbau (Einzelchipverkapselung) entwickelt und hergestellt. Die Tauglichkeit der Klebstoffe wurde anschließend aufgrund der optischen Proben-Funktion, der elektro-optischen OLED-Kennwerte (Spannung, Stromdichte, Stromeffizienz, Leistungseffizienz), der Winkelabhängigkeit der Strahldichte

und der Peakwellenlänge, der Betriebslebensdauer, der Transmission nach Klimaalterung sowie der Klebstoffverunreinigung durch Spurenelemente (CMOS-Reinraum-Kompatibilität) bewertet. Das Ergebnis zeigt, dass mit der direkten Verkapselung erfolgreich OLEDs verkapselt werden können. Im Vergleich zu Referenzproben mit Rahmenverkapselung ist die Probenausbeute geringer (50–100 % zu 100 %), die Lebensdauer teilweise sogar höher (bis 3407 h zu 2648 h) und die Vorwärtsemission ca. 20 % höher, woraus auch höhere Stromeffizienzen (bis 21,4 cd/A zu 18,7 cd/A) und Leistungseffizienzen (bis 22,7 lm/W zu 19,8 lm/W) resultieren.

3. Da für die direkte Verkapselung mit UV-härtenden Klebstoffen eine Bestrahlung der OLED nicht umgangen werden kann, wurde der Schädigungseinfluss wissenschaftlich untersucht. Die Ergebnisse zeigen eine 10%ige Verringerung der Strom- und der Leuchtdichte infolge einer UV-Bestrahlungsdauer von 2,25 Minuten mit 40 mW/cm^2, was den Herstelleranforderungen zur Klebstoffhärtung entspricht. Auch die Lebensdauer sinkt mit zunehmender UV-Bestrahlungszeit.

4. Für die Skalierung der direkten Verkapselung auf Wafergröße wurde eine Anlagenspezifikation erstellt und eine Recherche zu Maschinenherstellern durchgeführt. Die Firmen AML, EVG und SÜSS konnten Maschinensysteme vorschlagen, die dann bewertend gegenübergestellt wurden. Das System von EVG, bestehend aus einem Waferaligner und einem Waferbonder, wurde als geeignetste Lösung herausgestellt und die Maschinen beschafft. Die Anlagenparameter wurden evaluiert und die Prozessnutzbarkeit u. a. aufgrund der erreichten hohen Positioniergenauigkeit von besser als 1 µm nachgewiesen.

5. Für die Technologie wurde eine detaillierte Prozessabfolge erstellt, die auf dem Prinzip des adhäsiven justierten Waferbondens basiert. Die einzelnen Prozessschritte wurden entwickelt bzw. weiterentwickelt und untersucht.

6. Für den Klebstoffauftrag mit Sprühbelackung war eine Reduzierung der kinematischen Klebstoffviskosität auf unter 20 mm^2/s notwendig. Es konnte mit MEK und PGMEA ein geeignetes Klebstoff-Lösungsmittel-Gemisch hergestellt werden. Nach einer Parameterabschätzung für den Sprühprozess und einer Optimierung des Sprüharmgeschwindigkeitsprofiles konnte eine Klebstoffschichtdicke von 6 µm mit einer Homogenität von 8,5 % erreicht werden.

7. Für den Waferbondprozess stellte sich die wissenschaftliche Frage nach der Wirkung einer Druckkraft auf die OLED. Für die Beantwortung wurden OLED-Proben mit bis zu 40 kN belastet und währenddessen die Stromstärke-Spannungskennlinie gemessen. Es zeigte sich kein eindeutig schädigender oder fördernder Einfluss. Aus dem Kenntnisstand der Literatur heraus wurden bessere OLED-Eigenschaften infolge höherer Stromstärken erwartet, die durch Materialkompression und dadurch einer höheren Ladungsträgerinjektion erklärt wurden. Im Unterschied zu den in der Literatur beschriebenen Untersuchungen wurden für diese Versuche hocheffiziente OLEDs mit elektrisch dotierten Transportschichten verwendet (*p-i-n* TE-OLED), die einen derartigen Einfluss der Materialkompression nicht aufweisen.

8. Für das Freistellen der elektrischen Kontaktflächen wurde ein Prozessansatz mit einer Wafersäge gewählt, bei dem durch beschleunigte Glassägepartikel die Chipoberfläche beschädigt wurde. Durch den Einsatz einer schützenden Klebefolie, der Verringerung der Sägeblattbreite auf 100 µm sowie der Umkehr der Sägeblattdrehrichtung konnte ein erfolgreicher Prozess gefunden werden.

9. Um die Chips zurückverfolgen zu können, wurde ein Beschriftungsversuch mit einem vorhandenen Lasersystem durchgeführt. Für die Kennzeichnung eines Glas-Wafers aus dem Material Corning Eagle2000™ konnten Prozessparameter gefunden werden; für Quarzglas-Wafer gelang dies aufgrund zu geringer Absorption der Laserwellenlänge von 355 nm nicht. Die Anwendung dieser Laserbeschriftungsparameter auf fertig verkapselten Mikrodisplays beschädigte das Bauelement, da die durch das Deckglas transmittierte Strahlungsintensität zu hoch ist und im Silizium-Chip in schädigenden Wärmeeintrag umgewandelt wird.

10. Der entwickelte Technologieablauf wurde an OLED-Mikrodisplays erprobt und konnte an konkreten Projektdemonstratoren nachgewiesen werden.

11. Die Positioniergenauigkeit von Farbfilter- zu CMOS-Strukturen wurde vermessen und ein Retikel-Stepmaßunterschied von 0,02 µm in x- bzw. 0,17 µm in y-Richtung festgestellt, was die Chipausbeute reduziert. Eine Lösungsvariante unter Benutzung eines Messwafers, welche zum Angleichen der Farbfilter- und CMOS-Wafer herstellenden Maschinen dient (stepper matching), wurde diskutiert.

12. Die Lebensdauer direkt verkapselter Test-Mikrodisplays wurde untersucht. Die Ergebnisse weisen Werte bis knapp 4000 h auf. Ein Wachstum der nicht-emittierenden Flächen um ca. 12 % während des Betriebes wurde festgestellt, wobei keine Abhängigkeit zwischen Lebensdauer und Flächenzunahme gefunden wurde.

Eine Übersicht zu den Einzelprozessschritten in Bearbeitungsreihenfolge bietet die Tabelle 9.1 im Anhang. Hier sind die aufgekommenen Probleme und zu beachtenden Hinweise zum jeweiligen Prozessschritt zusammengestellt und durch Querverweise Verknüpfungen zur Arbeit gegeben.

8.2 Potentiale und Limitierungen

Die hier entwickelte Wafer-Verkapselungstechnologie bietet einige wichtige Vorteile gegenüber derzeitigen Verkapselungsmethoden, besonders gegenüber der Einzelchip-Randverkapselung von OLED-auf-CMOS-Bauelementen:

- **Verkleinerung** der BE-Größe durch vollflächigen Klebstoffauftrag anstelle eines umlaufenden Klebstoffrahmens, wobei ein planares Deckglas statt eines mit Kavität verwendet wird.
- **Geschwindigkeitsvorteil** durch die Prozessierung auf Waferebene und damit die gleichzeitige Verkapselung mehrerer Hundert BE.
- **Integrationsmöglichkeit** optischer Elemente wie z. B. Farbfilterstrukturen und deren hochgenauer Positionierung zum BE.

Diese Technologie schafft die Voraussetzung für die Massenfertigung von OLED-Mikrodisplays, wobei Parameter erreicht werden können, die bisher nur mit experimentellen Präparationsverfahren erzielt worden sind.

Die Nutzung dieser Technologie konnte für diverse Mikrodisplay-Anwendungen demonstriert werden. Weiterhin lässt sie sich auch für andere OLED-auf-CMOS-integrierende BE anwenden, so z. B. für Sensorik in Verbindung mit Mikrofluidik. Dabei erfüllen die OLED und die Photodetektoren die Sensorfunktion und ein entsprechend mit Leitungskanälen strukturierter Glas-Wafer die Transportfunktion von Flüssigkeiten. Hier kann auf kleinster Fläche und mit kleinster Flüssigkeitsmenge, aufgrund der kleiner als 10 µm strukturierbaren Sensoren, gearbeitet werden.

Mit der Anwendung der Verkapselungstechnologie konnten auch einige Probleme herausgestellt werden, die prinzipbedingt sind:

- Beim Einsatz von reinen UV-härtenden Klebstoffen ist die Bestrahlung der OLED mit **ultraviolettem Licht** zur Härtung des Klebstoffes unvermeidbar. Dies kann für hohe OLED-Emissionseffizienten ein Problem darstellen. Da der Klebstoff vollflächig, also auch auf dem gesamten emittierenden Gebiet, appliziert ist, kann eine Schädigung der OLED bei zu hoher Intensität und Dosis unvermeidbar sein. Abhilfe kann hier nur der Einsatz von Klebstoffen mit anderen oder zusätzlichen Abbindemöglichkeiten schaffen. So ist es möglich, mit einer Schattenmaske das aktive OLED-Gebiet abzudecken und mit einer Temperaturnachhärtung die Dunkelgebiete nach der UV-Aktivierung zu vernetzen.
- Der Einsatz von **Adsorbern** zur Erhöhung der OLED-Lebensdauer ist klassisch nicht möglich, da es keinen Platz für dessen Applikation innerhalb eines abgeschlossenen Volumens gibt. Kommen transparente Adsorber als Schicht zwischen OLED und Farbfilterdeckwafer zum Einsatz, liegen sie im Emissionspfad und sind einer Auskoppeloptimierung nicht zuträglich.
- Für einen **hermetischen Verschluss** und damit den höchsten Schutz vor Sauerstoff und Feuchtigkeit ist die vollflächige adhäsive Verkapselung nicht geeignet, da an der Grenzfläche zwischen Klebstoff und Fügepartner immer Permeationspfade entstehen. Voraussetzung wäre z. B. eine Dünnschichtverkapselung zum Schutz der OLED vor eindringender Feuchtigkeit. In dieser Arbeit musste auf diese funktionsfähige Dünnschichtbarriere verzichtet werden, was für marktreife Produkte nicht ausreichend ist.
- Für die Verkapselung von **flexiblen Substraten** oder mit flexiblen Deckwafern, z. B. mit Dünnglas sind starre Trägersubstrate erforderlich. Dazu laminiert man mit einem Klebefilm die flexiblen Substrate auf einen Träger, führt die Verkapselung durch und muss zum Abschluss die Träger wieder entfernen. Dies ist bedingt durch die Abstandshalter im Waferbonder, wobei ein flexibler Deckglas-Wafer in der Mitte schon vor der Evakuierung zur Blasenfreiheit Kontakt zum OLED-Wafer herstellen würde.

8.3 Ausblick

Perspektivisch kann eine Dünnschichtverkapselung mit hoher Barrierewirkung oder die Unempfindlichkeit der organischen Leuchtdioden gegenüber Wasser und Sauerstoff die notwendige Permeationsschutzfunktion der Glasverkapselung überflüssig machen. Vor allem Letzteres ist in der OLED-Entwicklung ein entscheidendes Fernziel.

Die Nutzung der Farbfiltertechnologie zur Erzeugung von vollfarbigen Mikrodisplays ist vor allem mit Absorptionsfiltern ineffizient. Interferenzfarbfilter können dabei einen gewissen Leistungsvorteil bringen, wobei die hochgenaue Strukturierung deren Einsatz auf Strukturen bis 20 µm beschränkt. Um große Helligkeiten z. B. für Mikroprojektoren zu erhalten, sind mikrostrukturierte monochromatische RGB Bildpunkte notwendig. Für die hochgenaue Abscheidung oder Strukturierung der Einzelemitter fehlt bisher eine geeignete Technologie, da die Verdampfung durch Schattenmasken bislang keine ausreichend kleinen Bildpunkte beschichten kann.

Der Markt vor allem im Bereich der Unterhaltungselektronik wünscht Videobrillen und Mikroprojektoren, die z. B. auf Mikrodisplays basieren. Dabei spielt die Bauart (LCoS, OLED, …) natürlich keine Rolle. Die Eigenschaften und der Preis bestimmen die Produktannahme durch die Nutzer. So ist im Sinne einer Preisreduktion z. B. die Bauelementegröße weiter zu verringern, um die Chipanzahl pro Wafer zu erhöhen. Die Chip-Rückseitenkontaktierung (mit TSV – through silicon vias) des Chips kann einen wesentlichen Beitrag dazu leisten, indem die Frontanschlüsse auf die Chiprückseite verlegt werden. Mit diesem Ansatz können die Kavitäten im Verkapselungswafer weggelassen werden, wodurch der Klebstoffauftrag vereinfacht bzw. verbessert (Aufschleudern) und die Kontamination der Anschlusskontakte mit Klebstoff vermieden werden kann.

9 Anhang

9.1 Technologieprozessschritte

Auf dem Entwicklungsweg der hier gezeigten Verkapselungtechnologie für OLED-auf-CMOS-Anwendungen sind viele Erfahrungen zu den Einzelprozessen gemacht worden, durch welche zum einen aufgetretene Probleme behoben und zum anderen nicht erfüllte Voraussetzungen für eine zuverlässige Prozessführung umgangen werden konnten. Tabelle 9.1 zeigt zusammenfassend die in dieser Arbeit gesammelten Erfahrungen zu den einzelnen Prozessschritten der Verkapselung und verweist auf die jeweiligen Stellen in dieser Arbeit, die nähere Informationen dazu enthalten. Diese Tabelle dient sowohl als Übersicht des Technologieablaufes als auch als Nachschlagewerk.

Tabelle 9.1 Zusammenstellung aller Technologieschritte in der Reihenfolge ihrer Durchführung mit aufgetretenen Problemen, deren Behandlung und Querverweisen.

Nr.	Prozessschritt	Tätigkeit/Ziel	Probleme/Bemerkungen/Zu beachten	Seitenverweis
1	Design/Layout Bauelement	Erstellen des Layouts von CMOS-Wafer und passendem Farbfilter- bzw. Verkapselungswafer	• Richtung der Ansicht des Layouts muss definiert sein • Alle Marken zur Justage vorsehen • Technologieränder und Abstände beachten	114
2	Herstellung CMOS-Wafer	CMOS-Herstellung in externer Fab	-	-
3 a	Herstellung Verkapselungswafer (ohne Farbfilter)	Sägen von Kavitäten	• Genaue Positionierung der Kavitäten auf dem Wafer zu dessen Kanten (x, y, θ)	98
		Optische Inspektion der Kavitäten	• Position, Breite, Tiefe, Risse, Muschelbruch, Waferoberfläche beschädigt oder Partikel	98
3 b	Herstellung Verkapselungswafer (mit Farbfilter)	Farbfilter-Herstellung in externer Fab	• Korrektur der Erstbelichtung mit Offset von Test-CMOS-Wafer-Vermessung • Korrektur des Stepmaßunterschiedes aus Test-CMOS-Wafer-Vermessung	94
4	OLED Beschichtung	Aufbringen des organischen Schichtstapels durch Dampfen durch Schattenmasken	• Schichtaufbau bzw. Emissionsspektrum passend zu Farbfilterspektrum • Mit/ohne Dünnschichtverkapselung: Waferbonden an Luft/ in trockenem Stickstoff	93

Tabelle 9.1 Fortsetzung ...

Nr.	Prozessschritt	Tätigkeit/Ziel	Probleme/Bemerkungen/Zu beachten	Seitenverweis
5	Klebstoffbeschichtung	Verdünnen und Sprühen des Klebstoffes auf Verkapselungswafer	• Klebstoffkompatibilität zu OLED • Einstellen Viskosität mit Lösungsmittel • Anpassung Sprüharmprofil für Schichtdickenhomogenität • Temperung zum Austreiben des Lösungsmittels	59 103 105, 111 107
6	Waferbonden	Fügen beider Wafer	• Vakuum zur Vermeidung von Einschlüssen • Bonden in trockenem Stickstoff bei fehlender Dünnschichtverkapselung • Vorpositionierung über Waferkante oder manuell mit Auge zur Vermeidung von Klebstoffkontamination auf Kontaktflächen	113 114
7	Feinpositionierung	Ausrichtung beider Wafer am Aligner mit Versatz < 1 µm	• Justiermarken aus Metall für guten Kontrast und Alignmentgenauigkeit	121
8	Abbinden des Klebstoffes	UV-Bestrahlung zur Klebstoffhärtung	• Schädigung der OLED durch UV-Strahlung • Homogene UV-Bestrahlung • Nachhärtung mit Temperatur zur Abbindung an Dunkelstellen	45 89
9	Freistellen der Kontaktflächen	Aufsägen des Verkapselungswafers mit Wafersäge	• Beschädigung der Kontaktflächen mit angepassten Sägeparametern vermeiden	121
10	Beschriftung	Lasermarkierung eines jeden Chips für Rückverfolgbarkeit und Dokumentation	• Lesbarkeit auch nach Chipaufbau gewährleistet • Zusammenpassen von Laserwellenlänge und Glastransmission	124

Tabelle 9.1 Fortsetzung ...

Nr.	Prozessschritt	Tätigkeit/Ziel	Probleme/Bemerkungen/Zu beachten	Seitenverweis
11	Charakterisierung der BE	Elektrische und elektro-optische Charakterisierung auf Waferlevel	• Verbiegen/Abbrechen Probernadeln • Verschmutzung/Beschädigung Kontaktflächen (Leerlauf/Kurzschluss)	124
12	Vereinzelung	Wafersägen in Einzelchips	• Beschädigung der Kontaktflächen durch Muschelausbrüche	-

9.2 Geräte

9.2.1 Kontaktwinkelmessgerät

Hersteller:	DataPhysics Instruments GmbH (Deutschland)
Typ:	Kontaktwinkelmessgerät und Konturanalysesystem
Bezeichnung:	OCA 30
Probentisch:	mit softwaregesteuerter X-, Y- und Z-Achse
Probengröße:	max. 220 mm $\times$ ∞ $\times$ 70 mm (L $\times$ B $\times$ H)
Dosiersystem:	Elektronisch mit Spritzenmodul
Messsystem:	Videomesssystem mit Objektiv und Kamera (6-fach-Zoom, stufenlose Innenfokussierung)
Auswertung:	PC und Auswertungssoftware SCA (surface contact angle)
WWW-Link:	http://www.dataphysics.de/

9.2.2 Rheometer

Hersteller:	Thermo Fisher Scientific (USA)
Typ:	Rotationsrheometer mit VC-Motor-System und Diffusionsluftlager
Bezeichnung:	HAAKE RheoStress 600
Betriebsmodi:	Scherspannungsvorgabe (CS-Modus), Drehratenvorgabe (CR-Modus), Deformationssteuerung (CD-Modus)
Temperatur:	Peltier-temperiert -60…185 °C
Sensortyp:	Platte-Kegel, C35/2° Ti
Probenvolumen:	0,4 cm^3
Scherratenbereich:	0,003–4500 s^{-1}
Viskositätsbereich:	0,1–10^3 Pa s
Spalt:	0,104 mm
WWW-Link:	http://www.thermo.com/

9.2.3 Ellipsometer

Hersteller:	J. A. Woollam Co. Inc. (USA)
Typ:	Spektroskopisches Ellipsometer
Bezeichnung:	M-2000U
Messbereich:	Wellenlängen 245–1000 nm
Schrittweite:	1 nm
Messwinkelbereich:	45–901°
Ausstattung:	automatische Winkel- und Probenpositionseinstellung horizontale Probenanordnung
Auswertesoftware:	V.A.S.E. for Windows, Version 3.464
WWW-Link:	http://www.jawoollam.com/m2000_home.html

9.2.4 Reflektometer

Hersteller:	Filmetrics, Inc. (USA)
Typ:	Automatisches Schichtdickenmessgerät mit Reflexionsmessung
Bezeichnung:	F50
Probengröße:	bis 300 mm Durchmesser
Schichtdicke:	15 nm bis 70 µm
Wellenlänge:	380–1100 nm
WWW-Link:	http://schichtdickenmessung.filmetrics.com/thicknessmeasurement/f50

9.2.5 Spektrophotometer

Hersteller:	Shimadzu Corp. (Japan)
Typ:	UV-VIS-NIR Spektralphotometer
Bezeichnung:	SolidSpec-3700DUV
Probengröße:	max. $700 \times 560 \times 40\,\text{mm}^3$
Wellenlänge:	175–2600 nm (165–3300 nm mit Direct Detection Unit)
Auflösung:	0,1 nm
Photometrik:	Doppelstrahl Direct Ratio Messsystem
Messbereich:	-6 bis 6 Abs
Genauigkeit:	±0,003 Abs (1 Abs), ±0,002 Abs (0,5 Abs)
WWW-Link:	http://www.shimadzu.de/produkte/spektro/uvvis/solidspec/

9.2.6 Spektrometer

Hersteller:	Autronic Melchers GmbH (BRD)
Typ:	Spektralradiometer CCDSpext-3 zur goniometrischen elektro-optischen Charakterisierung
Bezeichnung:	DMS 401
Probengröße:	max. $110 \times 110\,\mathrm{mm}^2$
Winkelbereich:	0–80°
Wellenlänge:	380–800 nm
Auflösung:	1 nm
Messbereich:	0,03–4000 cd/m^2 (8 mm Blende)
WWW-Link:	http://www.autronic-melchers.com/en/dms401/

9.2.7 Atomkraftmikroskop (AFM)

Hersteller:	Veeco Instruments Inc. (USA)
Typ:	Rastersondenmikroskop
Bezeichnung:	Dimension 3100 Scanning Probe Microscope
Probengröße:	bis 200 mm Durchmesser
Messausschnitt:	wenige nm bis 100 µm
Betriebsarten:	Contact Mode, Scanning Tunneling Microscope (STM), Tapping Mode, Tunneling AFM, u. a.
WWW-Link:	http://www.veeco.com

9.2.8 Wafersäge

Hersteller:	Disco Corp. (Japan)
Typ:	Vollautomatische Wafersäge
Bezeichnung:	DFD 651
Probengröße:	max. ∅ 203,2 mm
Sägeblattrotationsgeschwindigkeit:	6.000–60.000 min^{-1}
Y-Achse:	0,1 µm Schrittweite, 2 µm Positioniergenauigkeit
Z-Achse:	0,25 µm Schrittweite 1 µm Wiederholgenauigkeit
Sägevortrieb:	0,1–450 mm/s
WWW-Link:	http://www.disco.co.jp/eg/products/dicer/dfd600.html

9.2.9 Oberflächenmesssystem

Hersteller:	NanoFocus AG (Deutschland)
Typ:	konfokales Mikroskop
Bezeichnung:	µSurf
Z-Achse Auflösung:	3 µm
WWW-Link:	http://www.nanofocus.de/

Hersteller:	NanoFocus AG (Deutschland)
Typ:	konfokales Mikroskop
Bezeichnung:	µScan AF2000
Z-Achse Auflösung:	100 nm
WWW-Link:	http://www.nanofocus.de/

9.2.10 OLED Beschichtungsanlage

Hersteller:	Sunic System (Korea)
Typ:	Vollautomatische Cluster-Anlage zur OLED-Herstellung mit verdampfbaren Materialien
Bezeichnung:	Sunicel plus 200
Probengröße:	max. $200 \times 200\,\mathrm{mm}^2$
Transfermodus:	Präzisionsvakuumroboter
Taktzeit:	ca. 60 min, 3–4 min möglich (Schleuszeit)
Kammern:	2x Organik, Plasma, Substrat- und Maskenlager, Transfer, Sputtern, Metall, CVD
Organikquellenart:	Punktverdampfungsquellen
Organikquellen-anzahl:	6 je Kammer
Kammerdruck:	~$2{,}7 \cdot 10^{-5}$ Pa
Materialausnutzung:	5–15 %
Schichtdicken-homogenität:	±5 %
WWW-Link:	http://www.sunic.co.kr/

9.2.11 Sprühbeschichter

Hersteller:	EV Group (Österreich)
Typ:	Lackbeschichter für Einzelwaferprozessierung
Bezeichnung:	EVG101
Max. Wafergröße:	300 mm
Prozesse:	Sprühen, Aufschleudern, Entwickeln
WWW-Link:	http://www.evgroup.com/de/products/lithography/coaters_developers/evg101/

9.2.12 Waage

Hersteller:	OHAUS (USA)
Typ:	Analysewaage
Bezeichnung:	DV241C
Wägebereich:	210 g
Ablesbarkeit:	0,1 mg (0,01 mg bis 81 g)
Besonderheit:	automatische interne Justierung mit 2 Gewichten
WWW-Link:	http://europe.ohaus.com/europe/de/home/produkte/product-families/DV-EU.aspx

9.3 Materialien

9.3.1 Sägeschutzlack für Kavitätenherstellung

Bezeichnung:	AZ 7217
Lieferant:	AZ Electronic Materials GmbH (Deutschland)

9.3.2 Reinigungstensid für Quarz-Wafer

Bezeichnung:	deconex FPD 210
Typ:	mildalkalischer Reiniger für die Ultraschallreinigung unbeschichteter Substrate

9.3.3 Reinigung für CMOS-Wafer

Bezeichnung:	Ethylendiamin ($C_2H_8N_2$)
Typ:	Chemikalie zur Entfernung des Schutzlackes
Siedepunkt:	116 °C
Dampfdruck:	12 hPa (bei 20 °C)

9.3.4 Haftvermittler für Epoxidharze

Bezeichnung:	Adhesion Promoter AP-3000
Siedepunkt:	120 °C
Dampfdruck:	16,7 hPa (bei 25 °C)
Viskosität (dyn.):	1,7 mPa s

9.3.5 Klebstoff Nagase XNR 5542

Hersteller:	Nagase ChemteX Corp. (Japan)
Typ:	Epoxidharz mit UV-Fotoinitiatoren
Hauptbestandteile:	Bis-(epoxycyclohexyl)methylcarboxylate (40–50 %) Reaktionsprodukt: Bisphenol-A-(Epichlorhydrin) Epoxidharz (20–25 %) Epichlorhydrin-Phenolformaldehyd-Harz (20–25 %) 2-(2-Methoxyethoxy)ethanol; Diethylenglycolmonomethylether (5–10 %) Fotoinitiator Triarylsulfoniumhexafluoroantimonat (1 %)
Härtebedingung:	6 J/cm^2 (365 nm) + 80 °C / 1 h
Erscheinung:	flüssig
Dichte:	1,2 g/cm^3
Ausdehnungskoeffizient:	$77 \cdot 10^{-6}\,K^{-1}$
Brechungsindex:	1,52
Viskosität (dyn.):	0,2 mPa s
Glasübergangstemperatur:	135 °C
Flammpunkt:	180 °C
Wasserlöslichkeit:	unlöslich
WWW-Link:	http://www.nagasechemtex.co.jp

9.4 Strahlungsgrößen und photometrische Größen

Diese Übersicht stellt Strahlungsgrößen und von der spektralen Empfindlichkeit des menschlichen Auges abhängige photometrische Größen gegenüber. Grundlagen dazu liefern z. B. [HM06], [McC94] oder [DIN82a, DIN82b]. Der von der CIE festgelegte Hellempfindlichkeitsgrad $V(\lambda)$ ist in [DIN82b] tabelliert.

Tabelle 9.2 Strahlungs- und Photometrische Größen (v – visuell).

Strahlungsgrößen			Photometrische Größen		
Größe	Beziehung	Einheit	Größe	Beziehung	Einheit
Strahlungsmenge *radiant energy*	Q	$\mathrm{W \cdot s}$	Lichtmenge *luminous energy*	Q_v	$\mathrm{lm \cdot s}$
Strahlungsfluss *radiant flux*	$\Phi = \frac{\mathrm{d}Q}{\mathrm{d}t}$	W	Lichtstrom *luminous flux*	$\Phi_\mathrm{v} = \frac{\mathrm{d}Q_\mathrm{v}}{\mathrm{d}t}$	lm
Bestrahlungsstärke *irradiance*	$E = \frac{\mathrm{d}\Phi}{\mathrm{d}A_2}$	$\frac{\mathrm{W}}{\mathrm{m}^2}$	Beleuchtungsstärke *illuminance*	$E_\mathrm{v} = \frac{\mathrm{d}\Phi_\mathrm{v}}{\mathrm{d}A_2}$	lx
Strahlstärke *radiant intensity*	$I = \frac{\mathrm{d}\Phi}{\mathrm{d}\Omega_1}$	$\frac{\mathrm{W}}{\mathrm{sr}}$	Lichtstärke *luminous intensity*	$I_\mathrm{v} = \frac{\mathrm{d}\Phi_\mathrm{v}}{\mathrm{d}\Omega_1}$	cd
Strahldichte *radiance*	$L = \frac{\mathrm{d}^2\Phi}{\mathrm{d}\Omega_1 \cdot \mathrm{d}A_1 \cdot \cos\epsilon_1}$	$\frac{\mathrm{W}}{\mathrm{m}^2 \cdot \mathrm{sr}}$	Leuchtdichte *luminance*	$L_\mathrm{v} = \frac{\mathrm{d}^2\Phi_\mathrm{v}}{\mathrm{d}\Omega_1 \cdot \mathrm{d}A_1 \cdot \cos\epsilon_1}$	$\frac{\mathrm{cd}}{\mathrm{m}^2}$
Wirkungsgrad *(power) efficiency*	$\eta = \frac{\Phi_\mathrm{out}}{P_\mathrm{in}}$	1	Lichtausbeute *luminous efficacy*	$\eta_\mathrm{v} = \frac{\Phi_\mathrm{v,\,out}}{P_\mathrm{in}}$	$\frac{\mathrm{lm}}{\mathrm{W}}$

Abbildungsverzeichnis

Tabellenverzeichnis

Literaturverzeichnis

[ABTF01] Adachi, Chihaya ; Baldo, Marc A. ; Thompson, Mark E. ; Forrest, Stephen R.: Nearly 100emitting device. In: *Journal of Applied Physics* 90 (2001), November, Nr. 10, S. 5048–5051

[AP04] Aziz, Hany ; Popovic, Zoran D.: Degradation Phenomena in Small-Molecule Organic Light-Emitting Devices. In: *Chemistry of Materials* 16 (2004), July, 4522-4532. `http://dx.doi.org/10.1021/cm040081o`. – DOI 10.1021/cm040081o

[AST] Norm ASTM F1249-6 . *Standard test method for water vapor transmission rate through plastic film and sheeting using a modulated infrared sensor*

[AUW06] Armitage, David ; Underwood, Ian ; Wu, Shin-Tson ; Lowe, Anthony C. (Hrsg.) ; Kriss, Michael A. (Hrsg.): *Introduction to Microdisplays*. John Wiley & Sons Ltd., 2006. – ISBN 978-0-470-85281-1

[BBB+90] Burroughes, J. H. ; Bradley, D. D. C. ; Brown, A. R. ; Marks, R. N. ; Mackay, K. ; Friend, R. H. ; Burns, P. L. ; Holmes, A. B.: Light-emitting diodes based on conjugated polymers. In: *Nature* 347 (1990), October, S. 539–541

[BCV53] Bernanose, A. ; Comte, M. ; Vouaux, P.: In: *J. Chim. Phys.* 50 (1953), 65 S. – französisch

[Bid10] Bidd, Ilesh: *Polymer OLED Technology – Materials Development for Display & Lighting Applications*. 29.9. 2010. – Informationsfolien auf Firmeninternetseite

[BKFU06] Best, Siegfried W. ; Klee, Sascha ; Fink, Axel ; Ullrich, Bernd: Mikrodisplays – Vielfältiger Einsatz als Lichtmodulatoren und Licht emittierende Displays. In: *elektronik industrie* 6 (2006), S. 34–37

[BN08] Blochwitz-Nimoth, Jan: Novaled PIN OLED technology for display applications. In: *SID-ME*. Jena, 2008. – Oral presentation

[BNW98] Benisty, H. ; Neve, H. D. ; Weisbuch, C.: Impact of Planar Microcavity Effects on Light Extraction – Part I: Basic Concepts and Analytical Trends. In: *IEEE Journal of Quantum Electronics* 34 (1998), September, Nr. 9, S. 1612–1631

[BPFL98] Blochwitz, J. ; Pfeiffer, M. ; Fritz, T. ; Leo, K.: Low voltage organic light emitting diodes featuring doped phthalocyanine as hole transport material. In: *Applied Physics Letters* 73 (1998), August, Nr. 6, S. 729–731. `http://dx.doi.org/10.1063/1.121982`. – DOI 10.1063/1.121982

[Bro91] Brockhaus ; Brockhaus (Hrsg.): *Der Neue Brockhaus: Lexikon und Wörterbuch in 5 Bänden und einem Atlas*. Mannheim : F. A. Brockhaus Mannheim, 1991

[CAP07] Chandra, W. ; Ang, L. K. ; Pey, K. L.: Two-dimensional analytical Mott-Gurney law for a trap-filled solid. In: *Applied Physics Letters* 90 (2007), S. 153505

[CLH08] Chen, S. ; Li, X. ; Huang, W.: Blue top-emitting organic light-emitting devices using a 2,9-dimethyl-4,7-diphenyl-1,10-phenanthroline outcoupling layer. In: *Organic Electronics* 9 (2008), S. 1112–1117

[CMG+09] Carcia, P. F. ; McLean, R. S. ; Groner, M. D. ; Dameron, A. A. ; George, S. M.: Gas diffusion ultrabarriers on polymer substrates using Al2O3 atomic layer deposition and SiN plasma-enhanced chemical vapor deposition. In: *Journal of Applied Physics* 106 (2009), July, Nr. 2, S. 023533. `http://dx.doi.org/10.1063/1.3159639`. – DOI 10.1063/1.3159639. – ISSN 0021 – 8979

[Cor05] Corning Inc.: *Corning Eagle2000 AMLCD Glass Substrates – Material Information*, 2005. – Datenblatt

[CRM+03] Chwang, Anna B. ; Rothman, Mark A. ; Mao, Sokhanno Y. ; Hewitt, Richard H. ; Weaver, Michael S. ; Silvernail, Jeff A.

; Rajan, Kamala ; Hack, Michael ; Brown, Julie J.: Thin film encapsulated flexible organic electroluminescent displays. In: *Applied Physics Letters* 83 (2003), May, Nr. 3, 413-415. `http://dx.doi.org/10.1063/1.1594284`. – DOI 10.1063/1.1594284

[DB97] Deussen, Martin ; Bässler, Heinz: Organische Leuchtdioden. In: *Chemie in unserer Zeit* 31 (1997), Nr. 2, S. 76–86

[DBBW06] Doerfler, Rainer ; Barth, Siegfried ; Boeffel, Christine ; Wedel, Armin: New UV-Curing OLED Encapsulation Adhesive with Low Water Permeation. In: *SID 2006 Digest* Bd. 37, SID, June 2006, 440-443

[DCHL10] Deng, Ling-ling ; Chen, Shu-fen ; Huang, Wei ; Liu, Bin: The investigation of light outcoupling in blue top-emitting OLEDs. In: *Proc. of SPIE* 7852 (2010), S. 785213

[DDSB04] Duparré, Jacques ; Dannberg, Peter ; Schreiber, Peter ; Bräuer, Andreas: *Ultradünnes Bilderfassungssystem basierend auf künstlichen Facettenaugen*. 2004 (Jahresbericht)

[DIN82a] Norm DIN 5031 Teil 1 März 1982. *Strahlungsphysik im optischen Bereich und Lichttechnik – Teil 1: Größen, Formelzeichen und Einheiten der Strahlungsphysik*

[DIN82b] Norm DIN 5031 Teil 3 März 1982. *Strahlungsphysik im optischen Bereich und Lichttechnik – Teil 3: Größen, Formelzeichen und Einheiten der Lichttechnik*

[DIN03a] Norm DIN 1342 Teil 1 November 2003. *Viskosität – Rheologische Begriffe*

[DIN03b] Norm DIN 1342 Teil 3 November 2003. *Viskosität – Nicht-newtonsche Flüssigkeiten*

[DIN03c] Norm DIN 8593 Teil 8 September 2003. *Fertigungsverfahren Fügen – Teil 8: Kleben, Einordnung, Unterteilung, Begriffe*

[DIN05] Norm DIN EN ISO 15106 Teil 3 Mai 2005. *Kunststoffe – Folien und Flächengebilde – Bestimmung der Wasserdampfdurchlässigkeit – Teil 3: Elektrolytnachweis-Sensorverfahren*

[DIN08] Norm DIN EN 923 Juni 2008. *Klebstoffe – Benennungen und Defini-*

tionen

[DJCF99] Destruel, P. ; Jolinat, P. ; Clergereaux, R. ; Farenc, J.: Pressure dependence of electrical and optical characteristics of Alq3 based organic electroluminiscent diodes. In: *Journal of Applied Physics* 85 (1999), Nr. 1, S. 397–400. http://dx.doi.org/10.1063/1.369396. – DOI 10.1063/1.369396

[DXQ11] Duan, Lian ; Xie, Kai ; Qiu, Yong: Progress on efficient cathodes for organic light-emitting diodes. In: *Journal of the Society for Information Display* 19 (2011), Juni, Nr. 6, S. 453–561. http://dx.doi.org/10.1889/JSID19.6.453. – DOI 10.1889/JSID19.6.453. – Review Paper

[Ebn06] Ebnesajjad, Sina: *Surface treatment of materials for adhesion bonding*. Norwich, NY, USA : William Andrew Publishing, 2006

[Ele07] Electro-Lite Corporation: *Technical Data Sheet ELC-2500CL*. www.electro-lite.com. Version: 2007

[eMa01] Schutzrecht WO 01/80319 A2 (Oktober 2001). eMagin Corp. (Erfinder). Pr.: US 60/197,414, 14. April 2000

[eMa10] eMagin Corp.: *User's Specification: SVGA+ Rev3 XL Series, 852x600 Active Matrix OLED Microdisplay*. Rev. 4, 2010. – Benutzerhandbuch

[FGH+99] Friend, R. H. ; Gymer, R. W. ; Holmes, A. B. ; Burroughes, J. H. ; Marks, R. N. ; Taliani, C. ; Bradley, D. D. C. ; Dos Santos, D. A. ; Brédas, J. L. ; Lögdlund, M. ; Salaneck, W. R.: Electroluminescence in conjugated polymers. In: *Nature* 397 (1999), January, 121-128. http://dx.doi.org/10.1038/16393. – DOI 10.1038/16393. – Review

[FNB09] Fyson, J. R. ; Nagy, Zs. ; Bower, C. L.: Fabrication of a patterned interference filter array deposited by an atmospheric pressure vapour deposition technique. In: *E-Journal of Surface Science and Nanotechnology* 7 (2009), S. 284–289. http://dx.doi.org/10.1380/ejssnt.2009.284. – DOI 10.1380/ejssnt.2009.284

[FRV+05] Féry, C. ; Racine, B. ; Vaufrey, D. ; Doyeux, H. ; Cinà, S.:

Physical mechanism responsible for the stretched exponential decay behavior of aging organic light-emitting diodes. In: *Applied Physics Letters* 87 (2005), S. 213502

[FSW+08] FAN, Xing ; SUN, Jianliang ; WANG, Fuzhi ; CHU, Zengze ; WANG, Ping ; DONG, Yongqiang ; HU, Rongrong ; TANG, Ben Z. ; ZOU, Dechun: Photoluminescence and electroluminescence of hexaphenylsilole are enhanced by pressurization in the solid state. In: *Chem Comm* (2008), May, S. 2989–2991. `http://dx.doi.org/10.1039/b803539c`. – DOI 10.1039/b803539c. – Received (in Cambridge, UK) 29th February 2008, Accepted 15th April 2008, First published as an Advance Article on the web 8th May 2008

[Gas10] GASSMANN, Andrea: *Stabile und effiziente Kathoden für organische Leuchtdioden*, Technische Universität Darmstadt, Diss., 2010

[GGJF05] GHOSH, A. P. ; GERENSER, L. J. ; JARMAN, C. M. ; FORNALIK, J. E.: Thin-film encapsulation of organic light-emitting devices.pdf. In: *Applied Physics Letters* 86 (2005), S. 223503. `http://dx.doi.org/10.1063/1.1929867`. – DOI 10.1063/1.1929867. – Eastman Kodak Company, 1999 Lake Ave., Rochester, New York 14650

[GLRP05] GEFFROY, Bernard ; LE ROY, Philippe ; PRAT, Christophe: Review-Organic light-emitting diode (OLED) technology-materials, devices and display technologies. In: *Polymer International* 55 (2005), S. 572–582. `http://dx.doi.org/10.1002/pi.1974`. – DOI 10.1002/pi.1974

[GP01] GLAZOV, V. M. ; PASHINKIN, A. S.: The thermophysical properties (heat capacity and thermal expansion) of single-crystal silicon. In: *High Temperature* 39 (2001), S. 413–419

[Hab09] HABENICHT, Gerd: *Kleben*. 6. Berlin, Heidelberg : Springer, 2009. – 1104 S.. – ISBN 978-3-540-85264-3

[HATS92] HAMADA, Yuji ; ADACHI, Chihaya ; TSUTSUI, Tetsuo ; SAITO, Shogo: Organic electroluminescent devices with bright blue emission. In: *Optoelectronics - Devices and Technologies* 7 (1992), Juni, Nr. 1, S. 83–93

[HC02] HUNG, L. S. ; CHEN, C. H.: Recent progress of molecular organic electroluminescent materials and devices. In: *Materials Science and Engineering* 39 (2002), October, S. 143–222. http://dx.doi.org/10.1016/S0927-796X(02)00093-1. – DOI 10.1016/S0927–796X(02)00093–1

[HCL+02] HONG, C. ; CHAE, H. B. ; LEE, K. H. ; AHN, S. K. ; KIM, C. K. ; KIM, T. W. ; CHO, N. I. ; KIM, S. O.: The possibility of pulsed laser deposited organic thin films for light-emitting diodes. In: *Thin Solid Films* 409 (2002), Nr. 1, 37-42. http://dx.doi.org/10.1016/S0040-6090(02)00100-1. – DOI 10.1016/S0040–6090(02)00100–1. – ISSN 0040–6090

[Her10] HEROLD, Rigo: *Ein Beitrag zur Realisierung von Systemarchitekturen für Head-Mounted Displays auf Basis bidirektionaler OLED-Mikrodisplays.* 2010 Lehrstuhlseminar Kommunikationstechnik

[HM06] HERING, Ekbert ; MARTIN, Rolf: *Photonik - Grundlagen, Technologie und Anwendung.* Springer-Verlag Berlin Heidelberg, 2006

[HOG+09] HALLER, Werner ; ONUSSEIT, Hermann ; GIERENZ, Gerhard ; GRUBER, Werner ; RICH, Richard D. ; HENKE, Günter ; THIELE, Lothar ; HOFFMANN, Horst ; DAUSMANN, Dieter ; ÖZELLI, Riza-Nur ; WINDHÖVEL, Udo ; SATTLER, Hans-Peter ; DIERICHS, Wolfgang ; TAUBER, Günter ; HIRTHAMMER, Michael ; MATZ, Christoph ; HOLLOWAY, Matthew ; MELODY, David ; RUST, Ernst-Ulrich ; HALTEREN, Ansgar v. ; PICKER, Stefan: Adhesives. In: *Ullmann's Encyclopedia of Industrial Chemistry* 7 (2009). http://dx.doi.org/$10.1002/14356007.a01_221.pub2$. – DOI 10.1002/14356007.$a01_221.pub2$

[Hol11] HOLOEYE CORP.: *LCOS Microdisplay Technology - Data Sheet.* Rev. 2.3, 2011. – Datenblatt

[HW99] HAAS, Karl-Heinz ; WOLTER, Herbert: Synthesis, properties and applications of inorganic-organic copolymers (ORMOCERs). In: *Current Opinion in Solid State and Materials Science* 4 (1999), S. 571–580

[IEC08] Norm IEC 60904 Teil 3 (Edition 2.0) April 2008. *Photovoltaic devices – Part 3: Measurement principles for terrestrial photovoltaic (PV) solar devices with reference spectral irradiance data*

[ISJH+99] IM, J. ; STOKICH JR, T. ; HETZNER, J. ; BUSKE, G. ; CURPHY, J. ; SHAFFER IL, E. O. ; MEYERS, G.: Development of adhesion promoters to enhance Polymer/Substrate Interface Toughness. In: *International Symposium on Advanced Packaging Materials*, 1999

[JIS06] Norm JIS K 7126-1 August 2006. *Plastics – Film and sheeting – Determination of gas-transmission rate – part 1: Differential-pressure method*

[KAO+02] KUMARA, R.S. ; AUCHA, Mark ; OUA, Eric ; EWALDB, Guenther ; JINA, Chua S.: Low moisture permeation measurement through polymer substrates for organic light emitting devices.pdf. In: *Thin Solid Films* 417 (2002), S. 120–126

[KFG04] KOBRIN, P. ; FISHER, R. ; GURROLA, A.: Reversible photodegradation of organic light-emitting diodes. In: *Applied Physics Letters* 85 (2004), S. 2385–2387. `http://dx.doi.org/10.1063/1.1793344`. – DOI 10.1063/1.1793344

[KOY+04] KIM, Gi H. ; OH, Jiyoung ; YANG, Yong S. ; DO, Lee-Mi ; SUH, Kyung S.: Encapsulation of organic light-emitting devices by means of photopolymerized polyacrylate films. In: *Polymer* 45 (2004), January, S. 1879–1883. `http://dx.doi.org/10.1016/j.polymer.2004.01.038`. – DOI 10.1016/j.polymer.2004.01.038

[KSL07] KIM, Jong H. ; SEO, Soon-min ; LEE, Hong H.: Nanovoid nature and compression effects in organic light emitting diode. In: *Applied Physics Letters* 90 (2007), April, S. 143521. `http://dx.doi.org/10.1063/1.2720268`. – DOI 10.1063/1.2720268. – Received 12 January 2007; accepted 5 March 2007; published online 6 April 2007

[KSO+94] KIM, Helen H. ; SWARTZ, Rober G. ; OTA, Yusuke ; WOODWARD, Ted K. ; FEUER, M. D. ; WILSON, William L.: Prospects for Silicon Monolithic Opto-Electronics with Polymer Light Emitting Diodes. In: *Journal of Lightwave Technology* 12 (1994), Dezember, Nr. 12, S. 2114–2121

[KTV+08] KREYE, D. ; TOERKER, M. ; VOGEL, U. ; BUNK, G. ; GRILLBERGER, C. ; AMELUNG, J.: Microdisplays with highly efficient small molecules OLEDs. In: *SID-MID-Europe Chapter Spring Meeting -*

Microdisplays, Applications, and Optics (2008), März. http://www.scientificcommons.org/38231413. – SID-MID-Europe Chapter 2008. CD-ROM: March 13-14, 2008, Jena.

[KTVA06] KREYE, Daniel ; TÖRKER, Michael ; VOGEL, Uwe ; AMELUNG, Jörg: Full colour RGB OLEDs on CMOS for Active-Matrix OLED Microdisplays. In: *Proc. of SPIE* 6333 (2006), 63331L. http://dx.doi.org/10.1117/12.680758. – DOI 10.1117/12.680758

[LAXP07] LUO, Yichun ; AZIZ, Hany ; XU, Gu ; POPOVIC, Zoran D.: Similar Roles of Electrons and Holes in Luminescence Degradation of Organic Light-Emitting Devices. In: *Chem. Mater.* 19 (2007), Nr. 8, S. 2079–2083

[LCK+09] LEE, Young G. ; CHOI, Yun-Hyuk ; KEE, In S. ; SHIM, Hong S. ; JIN, YongWan ; LEE, Sangyoon ; KOH, Ken H. ; LEE, Soonil: Thin-film encapsulation of top emission organic light-emitting devices with polyurea-Al2O3 hybrid multi-layers. In: *Organic Electronics* (2009). http://dx.doi.org/10.1016/j.orgel.2009.07.015. – DOI 10.1016/j.orgel.2009.07.015. – Please cite this article as: Y.G. Lee, Y-H. Choi, I.S. Kee, H.S. Shim, Y. Jin, S. Lee, K.H. Koh, S. Lee, Thin-film encapsulation of top emission organic light-emitting devices with polyurea/Al2O3 hybrid multi-layers, Organic Electronics (2009), doi: 10.1016/j.orgel.2009.07.015

[LEE+02] LEVY, Gary B. ; EVANS, William ; EBNER, John ; FARRELL, Patrick ; HUFFORD, Mike ; ALLISON, Bryan H. ; WHEELER, David ; LIN, Haiqing ; PRACHE, Olivier ; NAVIASKY, Eric: An 852x600 pixel OLED-on-Silicon color microdisplay using CMOS subthreshold-voltage-scaling current drivers. In: *IEEE Journal of solid-state circuits* 37 (2002), Dezember, Nr. 12, S. 1879–1889

[LKY09] LEE, Ho N. ; KIM, Hyung J. ; YOON, Young M.: Thin-film barriers using tranparent conducting oxides for organic light-emitting diodes. In: *Journal of the SID* 17 (2009), Nr. 9, S. 739–744. http://dx.doi.org/10.1889/JSID17.9.739. – DOI 10.1889/JSID17.9.739

[LM07] LI, Zhigang ; MENG, Hong: *Organic Light-Emitting Materials and Devices*. Taylor & Francis Group, LLC, 2007

[LTAS97] LI, F. ; TANG, H. ; ANDEREGG, J. ; SHINAR, J.: Fabrication an electroluminescence of double-layered organic light-emitting diodes with the Al2O3-Al cathode. In: *Applied Physics Letters* 70 (1997), März, Nr. 10, S. 1233

[LW03] LANGE, J. ; WYSER, Yves: Recent Innovations in Barrier Technologies for Plastic Packaging - a Review. In: *Packaging Technology and Science* 13 (2003), S. 149–158. http://dx.doi.org/10.1002/pts.621. – DOI 10.1002/pts.621

[LWC01] LIM, Shuang ; WAND, Wei ; CHUA, Soo J.: Degradation of organic light-emitting devices due to formation and growth of dark spots. In: *Materials Science and Engineering* B85 (2001), S. 154–159

[MAH+96] MCELVAIN, J. ; ANTONIADIS, H. ; HUESCHEN, M. R. ; MILLER, J. N. ; ROITMAN, D. M. ; SHEATS, J. R. ; MOON, R. L.: Formation and growth of black spots in organic light-emitting diodes. In: *Journal of Applied Physics* 80 (1996), November, Nr. 10, S. 6002–6007

[McC94] MCCLUNEY, William R.: *Introduction to Radiometry and Photometry.* Artech House, 1994. – 402 S. – ISBN 978-0-89006-678-2

[MFH+10] MEERHEIM, Rico ; FURNO, Mauro ; HOFMANN, Simone ; LÜSSEM, Björn ; LEO, Karl: Quantification of energy loss mechanisms in organic light-emitting diodes. In: *Applied Physics Letters* 97 (2010), S. 253305. http://dx.doi.org/10.1063/1.3527936. – DOI 10.1063/1.3527936

[MG09] MAZUR, Alexander V. ; GASIK, Michael M.: Thermal expansion of silicon at temperatures up to 1100°C. In: *Journal of Materials Processing Technology* 209 (2009), S. 723–727. http://dx.doi.org/10.1016/j.jmatprotec.2008.02.041. – DOI 10.1016/j.jmatprotec.2008.02.041

[MGH+08] MANDLIK, Prashant ; GARTSIDE, Jonathan ; HAN, Lin ; CHENG, I-Chun ; WAGNER, Sigurd ; SILVERNAIL, Jeff A. ; MA, Rui-Qing ; HACK, Michael ; BROWN, Julie J.: A single-layer permeation barrier for organic light-emitting displays. In: *Applied Physics Letters* 92 (2008), March, S. 103309. http://dx.doi.org/10.1063/1.2890432. – DOI 10.1063/1.2890432. – Received 14 January 2008; accepted 11 February 2008; published online 11 March 2008

[MHI10] MITSUBISHI HEAVY INDUSTRIES, Ltd.: *World's first direct bonding of*

SiC-Si and GaN-Si at room temperature achieved by MHI bonding machine. News. http://www.mhi.co.jp/en/news/story/1007221366.html. Version: 22. Juli 2010

[Mic04] Schutzrecht WO 2004/086529 A1 (07.10. 2004). MICROEMISSIVE DISPLAYS LTD. (Erfinder). Pr.: GB 0306721.2, 24.03.2003

[Mic05] MICROCHEMICALS GMBH: *Sprühbelackung - physikalische Vorgänge zwischen Sprühdüse und Lackschicht.* http://www.microchemicals.de/technische_infos/spruehbelackung.pdf. Version: 2005

[MLL09] MEERHEIM, Rico ; LÜSSEM, Björn ; LEO, Karl: Efficiency and Stability of p-i-n Type Organic light emitting diodes for Display and lighting applications. In: *Proceedings of the IEEE* 97 (2009), Nr. 9, S. 1606–1626. http://dx.doi.org/10.1109/JPROC.2009.2022418. – DOI 10.1109/JPROC.2009.2022418

[Mur70] MURGATROYD, P. N.: Theory of space-charge-limited current enhanced by Frenkel effect. In: *J. Physs D: Appl. Phys.* 3 (1970), S. 151–156

[MWH+00] MATHINE, D. L. ; WOO, H. S. ; HE, W. ; KIM, T. W. ; KIPPELEN, B. ; PEYGHAMBARIAN, N.: Heterogeneously integrated organic light-emitting diodes with complementary metal-oxide-silicon circuitry. In: *Applied Physics Letters* 76 (2000), S. 3849. http://dx.doi.org/10.1063/1.126798. – DOI 10.1063/1.126798

[Nag06] NAGASE CHEMTEX: *Technical Information Sheet UV Resin XNR5541.* www.nagasechemtex.co.jp. Version: 22.12.2006

[Nag08] NAGASE CHEMTEX: *Technical Information Sheet UV Resin XNR5542.* www.nagasechemtex.co.jp. Version: 8.7.2008

[NIS+10] NARUKAWA, Yukio ; ICHIKAWA, Masatsugu ; SANGA, Deisuke ; SANO, Masahiko ; MUKAI, Takashi: White light emitting diodes with superhigh luminous efficacy. In: *Journal of Physics D: Applied Physics* 43 (2010), S. 354002. http://dx.doi.org/10.1088/0022-3727/43/35/354002. – DOI 10.1088/0022–3727/43/35/354002

[Nov11a] NOVALED AG: *Highest Power Efficiency.* 27.5. 2011. – Information der Firmeninternetseite

[Nov11b] NOVALED AG: *Long-lasting Customer Products with Novaled PIN OLEDs.* 27.5. 2011. – Informationen der Firmeninternetseite

[Nov11c] NOVALED AG: *Novaled entwickelt weltweit energieeffizienteste fluoreszierende weiße PIN OLEDs.* 12.5. 2011. – Presse-Information

[NSLG06] NIKLAUS, F. ; STEMME, G. ; LU, J.-Q. ; GUTMANN, R. J.: Adhesive wafer bonding. In: *Journal of Applied Physics* 99 (2006), February, 031101. http://dx.doi.org/10.1063/1.2168512. – DOI 10.1063/1.2168512

[OSR11a] OSRAM (Hrsg.): *Produktdetails Glühlampe CLAS A CL 60.* OSRAM, 2011

[OSR11b] OSRAM (Hrsg.): *Produktdetails Halogen-Metalldampflampe HCI-TX/P 70W/942 NDL PB.* OSRAM, 2011

[OSR11c] OSRAM (Hrsg.): *Produktdetails LED-Lampe CL A 60 FR WW.* OSRAM, 2011

[OSR11d] OSRAM (Hrsg.): *Produktdetails Leuchtstofflampe L 36 W/865 XT.* OSRAM, 2011

[OSR11e] OSRAM (Hrsg.): *Vorläufiges Produktdatenblatt ORBEOS CDW-031.* OSRAM, 3.1. 2011

[Pan02] *Produktinformation UV-F 450.* 2002. – Panacol-Elosol GmbH

[PBS03] PHAM, Nga P. ; BURGHARTZ, Joachim N. ; SARRO, Pasqualina M.: A Model for Film Thickness using direct spray coating. In: *Electronics Packaging Technology, 2003 5th Conference (EPTC 2003)* (2003), S. 773–776. – ISBN: 0-7803-8205-6

[PBS05] PHAM, Nga P. ; BURGHARTZ, Joachim N. ; SARRO, Pasqualina M.: Spray coating of photoresist for pattern transfer on high topography surfaces. In: *Journal of Micromechanics and Microengineering* 15 (2005), S. 691–697. http://dx.doi.org/10.1088/0960-1317/15/4/003. – DOI 10.1088/0960-1317/15/4/003

[PFLT02] PFEIFFER, Martin ; FORREST, Stephen R. ; LEO, Karl ; THOMPSON, Mark E.: Electrophosphorescent p-i-n organic light-emitting devices for very-high-efficiency flat-panel displays. In: *Advanced Materials* 14 (2002), November, Nr. 22, S.

1633–1636. http://dx.doi.org/10.1002/1521-4095(20021118)14:22<1633::AID-ADMA1633>3.9.CO;2. – DOI 10.1002/1521–4095(20021118)14:22<1633::AID–ADMA1633>3.9.CO;2

[Pra01] PRACHE, O.: Active matrix molecular OLED microdisplays. In: *Displays* 22, Issue 2 (2001), May, S. 49–56. http://dx.doi.org/10.1016/S0141-9382(00)00061-5. – DOI 10.1016/S0141–9382(00)00061–5. – eMagin Corporation, 2070 Route 52, Hopewell Junction, NY 12533, USA

[Püt06] PÜTTJER, Dirk: *LED-Mikrodisplays für intraokulare Sehhilfen*, Universität Duisburg-Essen, Diss., 2006

[PWH+03] PAETZOLD, R. ; WINNACKER, A. ; HENSELER, D. ; CESARI, V. ; HEUSER, K.: Permeation rate measurements by electrical analysis of calcium corrosion. In: *Review of Scientific Instruments* 74 (2003), Nr. 12, 5147-5150. http://dx.doi.org/10.1063/1.1626015. – DOI 10.1063/1.1626015

[RKP+08] RECKZIEGEL, Sven ; KREYE, Daniel ; PUEGNER, Tino ; GRILLBERGER, Christiane ; TOERKER, Michael ; VOGEL, Uwe: Optoelectronic chips integrate emitters and sensors. In: *SPIE* (2008). http://dx.doi.org/10.1117/2.1200806.1151. – DOI 10.1117/2.1200806.1151. – SPIE Newsroom

[RLL11] RIEDE, M. ; LÜSSEM, B. ; LEO, K.: Organic Semiconductors. Version: 2011. http://dx.doi.org/10.1016/B978-0-44-453153-7.00123-1. In: BHATTACHARYA, Pallab (Hrsg.) ; FORNARI, Roberto (Hrsg.) ; KAMIMURA, Hiroshi (Hrsg.): *Comprehensive Semiconductor Science and Technology*. Amsterdam : Elsevier, 2011. – DOI 10.1016/B978–0–44–453153–7.00123–1. – ISBN 978–0–444–53153–7, Kapitel 4.13, 448-507

[RMDVS04] RAYCHAUDHURI, Pranab K. ; MADATHIL, J. K. ; D., Shore J. ; VAN SLYKE, Steven A.: Performance enhancement of top- and bottom-emitting organic light-emitting devices using microcavity structures. In: *Journal of the SID* 12/3 (2004), S. 315–321

[Sab99] SABNIS, Ram W.: Color filter technology for liquid crystal displays. In: *Displays* 20 (1999), 29. November, Nr. 3, S. 119–129. http://dx.

doi.org/10.1016/S0141-9382(99)00013-X. – DOI 10.1016/S0141–9382(99)00013–X. – Author: Brewer Science Inc., 2401 Brewer Drive, Rolla, MO 65401, USA

[Sam06] SAMSUNGSDI: Current Status of OLED Color Patterning Technology. In: *Korea Display Conference*, 2006

[Sch00] SCHRAMM, Gebhard ; GMBH, Gebrüder H. (Hrsg.): *Einführung in Rheologie und Rheometrie*. 2. Gebrüder Haake GmbH, 2000. – 387 S.

[Sch06] SCHUBERT, E. F.: *Light-Emitting Diodes*. 2. Cambridge University Press, 2006

[Sch09] SCHOLZ, Sebastian: *Chemische Prozesse der OLED-Degradation*, Diss., 2009. – Dissertation

[Sch10] SCHOTT AG (Hrsg.): *Lithosil Synthetic Fused Silica*. Mainz: Schott AG, 2010. www.schott.com/advanced_optics

[SIK98] SATO, Yoshiharu ; ICHINOSAWA, Shoko ; KANAI, Hiroyuki: Operation Characteristics and Degradation of Organic Electroluminescent Devices. In: *IEEE Journal of selected topics in quantum electronics* 4 (1998), Januar/Februar, Nr. 1, 40-48. http://ieeexplore.ieee.org/stamp/stamp.jsp?arnumber=669464&isnumber=14698

[SNB+01] SCHAER, Michael ; NÜESCH, Frank ; BERNER, Detlef ; WILLIAM, Leo ; ZUPPIROLI, Libero: Water vapor and oxygen degradation mechanisms in organic light emitting diodes. In: *Advanced Functional Materials* 11 (2001), April, Nr. 2, S. 116–121

[SS11] SHINAR, J. ; SHINAR, R.: An Overview of Organic Light-Emitting Diodes and their Applications. Version: 2011. http://dx.doi.org/DOI:10.1016/B978-0-12-374396-1.00018-0. In: ANDREWS, David L. (Hrsg.) ; SCHOLES, Gregory D. (Hrsg.) ; WIEDERRECHT, Gary P. (Hrsg.): *Comprehensive Nanoscience and Technology* Bd. 1. Amsterdam : Academic Press, 2011. – DOI DOI: 10.1016/B978–0–12–374396–1.00018–0. – ISBN 978–0–12–374396–1, 73-107

[Sta09] STAR TECHNOLOGY: Product Bulletin L-75-1 / Star Technology. Version: 2009. www.star-technology.com. 2009. – Forschungsbericht

[Ste00] STEINMETZ, M.: Solare terrestrische UV-Strahlung in Deutschland

2000 / Umweltbundesamt, Bundesamt für Strahlenschutz. 2000. – Forschungsbericht

[Sto05] STOYE, Dieter: *Solvents*. Wiley-VCH Verlag

[Sul10] SULLIVAN, Frost : *European OLED's Market - Overview of Market Potential for European LED and OLED Value Chain Participants*. Dezember 2010. – M58B-25

[SW96] STOYE, Dieter ; WERNER, Freitag: *Lackharze - Chemie, Eigenschaften, Anwendung*. Hanser Verlag, 1996

[SWB04] SMITH, L. H. ; WASEY, J. A. E. ; BARNES, W. L.: Light outcoupling efficiency of top-emitting organic light-emitting diodes. In: *Applied Physics Letters* 84 (2004), April, Nr. 16, S. 2986–2988

[TEM+06] TOERKER, M. ; ERITT, M. ; MAY, C. ; AMELUNG, J. ; LUBER, C. ; HERMANN, R. ; ZSCHIPPANG, C. ; TOMITA, Y. ; LEO, K.: In-Line deposition of high-efficiency p-i-n organic light-emitting devices. In: *SID Digest* 43.1 (2006), S. 1471–1473

[TGK+08] TOERKER, Michael ; GRILLBERGER, Christiane ; KREYE, Daniel ; VOGEL, Uwe ; AMELUNG, Jörg: Integration of top-emitting organic light emitting diodes on CMOS substrates. In: *Organic Optoelectronics and Photonics III, Proc. of SPIE* 6999 (2008), April, S. 69992G. `http://dx.doi.org/10.1117/12.781076`. – DOI 10.1117/12.781076. – Strasbourg, France

[TNFL09] THOMSCHKE, Michael ; NITSCHE, Robert ; FURNO, Mauro ; LEO, Karl: Optimized efficiency and angular emission characteristics of white top-emitting organic electroluminescent diodes. In: *Applied Physics Letters* 94 (2009), S. 083303

[Tur04] TURNER, Kevin T.: *Wafer bonding: mechanics-based models and experiments*, Massachusetts Institute of Technology. Dept. of Mechanical Engineering., Diss., 2004. `http://dspace.mit.edu/handle/1721.1/16675`

[TVS87] TANG, Ching W. ; VAN SLYKE, Steven A.: Organic electroluminescent diodes. In: *Applied Physics Letters* 51 (1987), September, S. 913–915

[VKR+07] VOGEL, Uwe ; KREYE, Daniel ; RECKZIEGEL, Sven ; TÖRKER,

Michael ; GRILLBERGER, Christiane ; AMELUNG, Jörg: OLED-on-CMOS Integration for Optoelectronic Sensor Applications. In: *Proc. of SPIE* 6477 (2007), S. 647703

[VKR+08] VOGEL, U. ; KREYE, D. ; RICHTER, B. ; BUNK, G. ; RECKZIEGEL, S. ; HEROLD, R. ; SCHOLLES, M. ; TOERKER, M. ; GRILLBERGER, C. ; AMELUNG, J. ; GRAUPNER, S.-T. ; PANNASCH, S. ; HEUBNER, M. ; VELICHKOVSKY, B.M.: Bi-directional OLED microdisplay for interactive HMD. In: *SID international symposium 2008* Bd. XXXIX Society for Information Display (SID International Symposium), 2008, S. 81–84. – Morreale, J. ; Society for Information Display -SID-: SID international symposium 2008, Volume XXXIX. Digest of technical papers. Book 1 : May 20-21, 2008, Los Angeles, California San Jose, Calif.: SID, 2008 S.81-84

[WGZ+08] WANG, X. Z. ; GAO, X. D. ; ZHOU, Y. C. ; XIE, Z. T. ; SONG, Q. L. ; DING, X. M. ; HOU, X. Y.: Photodegradation of organic light-emitting devices observed in nitrogen-filled environment. In: *Thin Solid Films* 516 (2008), S. 2171–2174. `http://dx.doi.org/10.1016/j.tsf.2007.06.141`. – DOI 10.1016/j.tsf.2007.06.141. – Gao, X. D.; Zhou, Y. C.; Xie, Z. T.; Song, Q. L.; Ding, X. M.; Hou, X. Y.

[WHCC07] WANG, Yu-Young ; HSIEH, Tsung-Eong ; CHEN, I-Ching ; CHEN, Chin-Hsin: Direct Encapsulation of Organic Light-Emitting Devices (OLEDs) Using Photo-Curable co-Polyacrylate/Silica Nanocomposite Resin. In: *IEEE Transactions on advanced Packaging* 30 (2007), August, Nr. 3, 421-427. `http://ieeexplore.ieee.org/iel5/6040/4285919/04285953.pdf`

[WMPL07] WALZER, Karsten ; MAENNIG, B. ; PFEIFFER, M. ; LEO, Karl: Highly Efficient Organic Devices Based on Electrically Doped Transport Layers. In: *Chemical Reviews* 107 (2007), Nr. 4, S. 1233–1271. `http://dx.doi.org/10.1021/cr050156n`. – DOI 10.1021/cr050156n

[YMD+02] YACOBI, B. G. ; MARTIN, S. ; DAVIS, K. ; HUDSON, K. ; HUBERT, M.: Adhesive bonding in microelectronics and photonics. In: *Journal of Applied Physics* 91 (2002), May, Nr. 10, S. 6227–6262. `http://dx.doi.org/10.1063/1.1467950`. – DOI 10.1063/1.1467950. – Review

[YTYQ00] Yang, Xinju ; Tang, Yongxin ; Yu, Ming ; Qin, Qizong: Pulsed laser deposition of aluminum tris-8-hydroxyquinline thin films. In: *Thin Solid Films* 358 (2000), Nr. 1-2, 187-190. `http://dx.doi.org/10.1016/S0040-6090(99)00687-2`. – DOI 10.1016/S0040–6090(99)00687–2. – ISSN 0040–6090

[ZB09] Zardareh, Saba Z. ; Boroumand, Farhad A.: Degradation in organic light emitting diodes. In: *World Academy of Science, Engineering and Technology* 50 (2009), S. 274–277

Veröffentlichungen

[FMS+10] FEHSE, Karsten ; MAY, Christian ; SCHMIDT, Christian ; VOGEL, Uwe ; HILD, Olaf R.: Challenges for OLED-on-CMOS process technology. In: *SID-ME Chapter Spring Meeting*, 2010. – Poster

[FSH+11] FEHSE, Karsten ; SCHMIDT, Christian ; HEROLD, Rigo ; RICHTER, Bernd ; VOGEL, Uwe: Organic microdisplays for head-mounted display applications. In: *11th International Meeting on Information Display (IMID)*, 2011. – eingeladener Vortrag, im Druck

[GWng] *Kapitel* Direct encapsulation of OLED on CMOS. In: GERLACH, Gerald ; WOLTER, Klaus: *Bio and nano packaging techniques for electron devices - advances in electronic device packaging.* Springer, in Bearbeitung

[Sch08a] SCHMIDT, Christian: Technologie zur vollflächigen Verkapselung von organischen Leuchtdioden. In: *Industrie-Partner-Symposium.* TU Dresden, 1.10.2008. – Vortrag

[Sch08b] SCHMIDT, Christian: Encapsulation of Organic Light Emitting Diodes. In: *Doktorandenseminar Fraunhofer Institut für Photonische Mikrosysteme*, 2008. – Vortrag

[Sch10] SCHMIDT, Christian: OLED on CMOS encapsulation. In: *Kollegiatenseminar Graduiertenkolleg „Nano- und Biotechniken für das Packaging elektronischer Systeme“ (DFG 1401/1)*, 2010. – Vortrag

[SLFW10] SCHMIDT, Christian ; LAKNER, Hubert ; FISCHER, Wolf-Joachim ; WOLTER, Klaus-Jürgen: Adhesive Wafer Bonding for Encapsulation of OLED Microdisplay Applications. In: *1. RTG Workshop 2010 „Bio-Nano-Tech 2010“*, 9.9.2010. – Poster

[Tec09] *Kapitel* Verkapselungstechnologie für nanophotonische Bauelemente auf Basis von organischen Leuchtdioden (OLED). In: TECHNISCHE

Universität Dresden, Institut für Halbleiter- und Mikrosystemtechnik (Hrsg.): *Jahresbericht 2009.* 2009, S. 102f

Sachwortverzeichnis

W

Danksagung

An erster Stelle sei Prof. Dr.-Ing. Hubert Lakner für das interessante Thema und die Möglichkeit zur Mitarbeit im Graduiertenkolleg der TU Dresden gedankt.

Für die Übernahme des zweiten Gutachtens bedanke ich mich ganz herzlich bei Prof. Dr.-Ing. Karlheinz Bock.

Meinen beiden Betreuern Dr. Karsten Fehse und Dr. Olaf Hild gebührt mein Dank für wissenschaftliche Diskussionen und das Korrekturlesen der Arbeit.

Für die reibungslose praktische Umsetzung von Versuchen danke ich allen Kollegen des Fraunhofer IPMS. Besonders gedankt sei Herrn Lutz Nüske für die Klebstoffbeschichtung, Herrn Thomas Ludewig für das Wafersägen, Herrn André Philip für die Laserbearbeitung, Herrn Dr. Bolko Schöneich für die Auswertungen der Ellipsometermessungen sowie Herrn Tobias Barchewitz für technische Diskussionen und Konstruktionen. Frau Claudia Keibler und Frau Christiane Trepte danke ich für die essentiellen Diskussionen rund um das Thema der Klebstoffe.

Dem Graduiertenkolleg an der TU Dresden danke ich für die breite Erweiterung meines Horizontes sowohl im fachlichen Bereich als auch in der Segelpraxis.

Das intensive und kritische Lesen meiner Dissertation von meinem Onkel Dr. Thomas Henkel hat die vorliegende Arbeit wesentlich geformt. Seine zielführenden Fragen haben meine Sicht auf das Promovieren maßgeblich geprägt und zum Gelingen der Arbeit beigetragen.

Meiner Tante Dr. Katrin Henkel danke ich recht herzlich für das zeitaufwendige Anfertigen des Lektorats zu meiner Dissertation.

Bei meinem langjährigen Ju-Jutsu-Verein USV TU Dresden bedanke ich mich, besonders bei meinen beiden Trainern Marcus und Costa, für die vielen schönen Trainingseinheiten, die einen wichtigen Ausgleich zur Arbeit geschaffen haben.

Mein größter Dank gilt meinen Eltern für die ununterbrochene Unterstützung. Meiner Freundin Corina und unserem 10 Monate alten Töchterlein Kyra danke ich mit ganzem Herzen für die schöne aufregende Zeit und das entgegengebrachte Verständnis für lange Arbeitsabende. Die Freude über unser zweites noch ungeborenes Kindelein lässt die vielen Anstrengungen verblassen.

Habt recht vielen Dank!

Lebenslauf

Name:	Christian Schmidt
Geburtsdatum:	9. Juli 1981
Geburtsort:	Bergen auf Rügen
Staatsangehörigkeit:	Bundesrepublik Deutschland (BRD)
E-Mail:	ChristianSchmidt97@gmx.de

Werdegang

09/1988	Einschulung 128. Oberschule „Reinhold Hentschke“, Dresden
09/1990	Wechsel zur Sprachschule 46. POS, Dresden
09/1992	Wechsel an das „Fritz-Löffler-Gymnasium“, Dresden
06/2000	Abitur, Leistungskurse Mathematik und Physik
07/2000	Beginn Zivildienst am Inneren Neustädter Friedhof Dresden
10/2001	Immatrikulation Technische Universität Dresden, Elektrotechnik: Feinwerk- und Mikrotechnik
08/2002	Zweimonatiges Praktikum bei System-Haus-Dresden GmbH
08/2003	Vierwöchiges Praktikum am Institut für Physikalische Hochtechnologie e.V. (IPHT), Bereich Mikrosysteme, Jena
10/2005	Halbjähriges Fachpraktikum bei Hella KGaA Hueck & Co., Bereich Licht - Research & Development - Systems & Products, Lippstadt
03/2006	Diplomarbeit bei Hella KGaA Hueck & Co. in Lippstadt, Thema: Entwicklung und Aufbau eines Sichtweitesensors
12/2006	Verteidigung der Diplomarbeit und Abschluss des Studiums
03/2007	Beginn der Promotion als Stipendiat im Graduiertenkolleg „Nano- und Biotechniken für das Packaging elektronischer Systeme“ (DFG 1401/1), TU Dresden
seit 03/2010	Wissenschaftlicher Mitarbeiter am Fraunhofer Institut für Photonische Mikrosysteme IPMS, Dresden